개미의
수학

개미의 수학

이동 경로에서 페로몬 그리고 사회구조까지

최지범 지음

에이도스

머리말

대학원을 다니는 동안 "너는 뭘 연구해?"라는 질문을 많이 받았습니다. 그럴 때 개미를 연구한다고 말하면 왠지 모르게 웃는 사람들이 많았습니다. 그들은 왜 웃었을까요? '대학원까지 가서 겨우 한다는 게 개미나 보러 다니는 건가?'라는 생각이 들었는지 모릅니다. 그럴 때면 기분이 썩 좋지는 않았습니다.

하여튼 저는 개미를 가지고 실험을 했습니다. 대학원에 진학하기 전까지는 상상도 못 했던 일이었죠.

개미를 가지고 실험하게 된 데에는 대학원 연구실 동료의 영향이 컸습니다. 마치 삼국지의 제갈량이나 육손을 떠올리게 하는 그 동료는 개미를 오랫동안 연구해 왔고 실험 노하우들도 많이 알고 있었습니다. 저는 그 동료의 도움을 많이 받아 제 아이디어를 실험해 볼 수 있었습니다.

저는 개미의 생태에 대해서는 크게 관심이 없었습니다. 다만 개미들이 어떤 전략과 방법을 통해 길을 찾는지가 궁금했죠. 수학에서 배웠던 곡선에 대한 여러 지식들이 개미들이 만드는 경로를 분석하는 데 도움을 줄 것으로 생각했습니다. 또 코딩을 통해 개미들이 움직이는 방법을 모사하는 시뮬레이션 프로그램을 만들기도 했습니다. 그러다 보니 논문이 한 편 두 편 쌓여가고, 또 궁금한 게 생기고…. 결국 저는 제 박사학위 논문집의 절반을 개미에 할애하게 되었습니다. 다시 생각해봐도 정말 상상도 못 했던 일입니다.

개미를 연구하면서 여러 가지 수학적 개념들을 많이 사용했습니다. 코딩에 필요한 알고리즘에 대해서도 많이 고민했습니다. 순전히 이론적인 수학을 완전히 현실적인 개미에게 적용한다는 것이 재미있기도 했습니다. 이런 흥미로운 이야기들을 저 혼자 알고 있기에는 너무 아까웠습니다.

이 책은 수학 지식을 알려주는 책인 동시에 개미의 행동을 알려주는 생물학책이기도 하고, 때로는 연구에 대한 에세이이기도 합니다. 부디 이 책을 통해 수학이 어떻게 사용되는지, 연구는 어떻게 진행되는지, 개미는 어떻게 행동하는지를 조금이나마 덜 지루한 방법으로 전달하면 좋겠습니다.

재미있게 읽기를 희망합니다만, 여기 나오는 수학적 개념들이 그리 간단치는 않습니다. 여러분이 이해하지 못하셨다면 그것은 여러분의 책임이 아니라 글을 이해하기 쉽게 서술하지 못한 제 책임입니다.

수학 공부를 오래 하신 분들이 아니라면 웬만한 수식은 그냥 넘어가셔도 좋습니다. 그래도 책을 이해하는 데는 큰 무리가 없을 듯합니다. 애당초 복잡한 수식들은 저 같은 긱(geek)들을 위한 부분입니다.

아, 마지막으로 한 가지 덧붙이고 싶은 이야기가 있습니다. 우리나라에는 참 많은 종류의 개미들이 사는데요, 길을 걷다 개미를 보고 그게 무슨 종인지 제게 물어보지는 마세요. 저는 일본왕개미, 곰개미, 주름개미, 불개미 말고는 아는 개미가 없습니다. 저는 개미들의 움직임을 연구했지 개미 자체를 연구하지는 않았습니다. 정 궁금하다면 개미를 아주 잘 아는 친구를 소개해 줄 수는 있습니다. 제가 대학원 시절을 보낸 연구실에는 개미나 새 이름을 아주 잘 알아맞히는 친구들이 많이 있거든요.

그럼 재미있는 독서가 되기를 바랄게요!

차 례

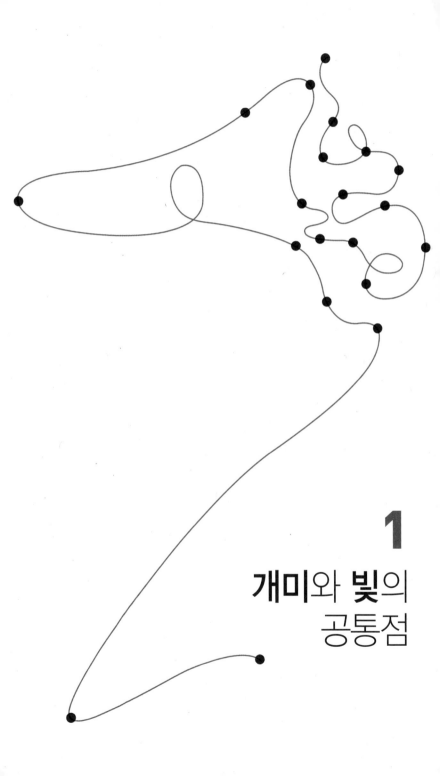

1

개미와 빛의
공통점

Mathematics *of* Ants

From trails to pheromones and social structures

대학에 오기 전, 저는 원래 물리학과에 진학하려고 했습니다. 그래서 고등학교 시절 다른 과목보다 물리 공부에 더 많은 시간을 할애했습니다. 그때 익혔던 지식 중에 페르마의 원리가 있었습니다. 페르마의 원리란 빛은 언제나 이동 시간이 최소가 되는 경로로 이동한다는 규칙입니다. 최소 '거리'가 아니라 최소 '시간'이라는 점에 주의해 주시길 바랍니다. 모든 광학 법칙은 이 페르마의 원리로 설명이 됩니다.

아마 최소 시간과 최단 거리에 어떤 차이가 있을지 잘 와 닿지 않을 텐데요, 우선 다음의 사례를 생각해봅시다.

여러분이 바닷가에 놀러 갔습니다. 해변을 거닐던 도중 X라는 지점에서 모자가 바람에 날려 바닷물 위로 떨어졌습니다.([그림 1-1]) 모자가 떨어진 위치는 Y입니다. 당신은 얼른 모자를 찾으러 가고 싶습니다. 즉 X에서 Y까지 가장 짧은 시간 안에 가고 싶습니다.

모자가 만일 해변 모래사장 위로 떨어졌다면 그저 모자를 향해 돌진하면 됩니다. 그게 제일 빠른 경로일 테니까요. 그렇지만 바닷물 위에 떨어졌다면 이야기가 조금 복잡해집니다. 바닷물에서 당신의 이동 속력은 모래사장 위에서보다 훨씬 느릴 것입니다. 따라서 X에서 Y까지 똑바로 이동하는 것이 과연 최소 시간의 경로인지 의문이 듭니다.

페르마의 원리

먼저 세 가지 경로를 생각해보겠습니다. A 경로는 모래사장 위

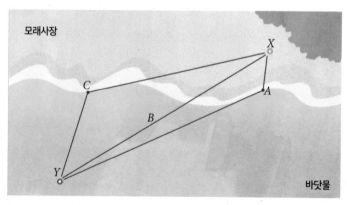

[그림 1-1] X에서 Y까지 가는 3가지 경로

에서 조금 움직이는 대신 바닷물에서의 이동 거리가 깁니다. B 경로는 X와 Y 사이의 직선입니다. C 경로는 모래사장 위에서 많이 움직이고 물속에서 조금 움직이는 경로입니다.

물에서의 속력이 느리므로 되도록 모래사장 위에서 움직이는 것이 시간적인 측면에서 더 유리하죠. 따라서 A 경로가 가장 비효율적이고, C 경로가 가장 효율적, 그러니까 소요 시간이 가장 적다는 것을 알 수 있습니다. 정확한 최소 시간의 경로는 모래사장과 바다 위의 속력 비에 따라 달라지겠지만 개형은 C 경로와 크게 다르지 않을 것입니다.

흥미롭게도 C 경로는 최소 '거리'의 경로가 아닙니다. 최소 거리는 B 경로지요. 즉 거리상으로는 손해가 있을 수 있지만, 시간을 최소화하는 경로가 있다는 것입니다.

이런 이야기를 왜 하느냐고요? [그림 1-2]를 한번 보겠습니다.

물이 담긴 통에 레이저를 쏘면 공기와 물의 경계에서 레이저가 굴절한다는 것을 알 수 있습니다. 빛은 공기 중에서 빠르고, 물속에서 느리기 때문에 일어나는 현상입니다. 아까의 해변 그림과 비교해 보겠습니다. 무언가 공통점이 보이시나요?

이제 페르마의 원리를 정의해 보겠습니다. 빛이 어느 지점 X에서 Y까지 이동했습니다. 그렇다면 빛이 X에서 Y까지 가는 가능한 경로 중 소요 시간이 가장 적은 경로가 실제로 빛이 이동한 경로입

레이저

[그림 1-2] 빛은 물과 공기의 경계에서 최소시간의 경계로 굴절한다.

니다. 이 원리를 페르마의 원리라고 합니다.

왜 그러냐고요? 글쎄요, 그건 상당히 어려운 질문입니다. 우선은 '자연이 원래 그렇다'라는 답으로 얼버무릴게요. 그렇습니다. 자연은 원래 그렇습니다. 자연은 항상 작용(action)을 최소화한다는 해밀턴의 원리라는 것이 있는데요(7장에 나오는 해밀턴 규칙과는 다른 개념입니다), 페르마의 원리 또한 이러한 최소 작용의 한 예입니다. 참고로 해밀턴의 원리는 고전역학부터 양자역학까지 자연계의 모든 물리 현상을 설명할 수 있습니다.

빛의 전파속도가 서로 다른 두 매질 사이에서 얼마나 경로를 꺾을지 우리는 페르마의 원리를 통해 예측할 수 있습니다. 그 예측이 스넬의 법칙입니다. 스넬의 법칙은 입사각과 굴절각 사이에 다음과 같은 관계가 있다는 것을 알려줍니다.

$$\frac{c}{v_1}\sin\theta_1 = \frac{c}{v_2}\sin\theta_2$$

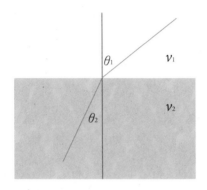

[그림 1-3] 스넬의 법칙을 나타내는 그림

여기서 c는 진공에서 빛의 속도, v_1은 매질 1에서 빛의 속도, v_2는 매질 2에서 빛의 속도입니다. θ_1과 θ_2는 그림에 나와 있는 입사각과 굴절각입니다. 사실 굳이 입사각과 굴절각을 구분할 필요는 없습니다. 물 안에서 공기를 향해 빛을 쏘아도 스넬의 법칙은 그대로입니다. 다시 말해 굴절각이 입사각이 되고, 입사각이 굴절각이 되어도 스넬의 법칙은 그대로입니다. 다시 한번 말하자면, 스넬의 법칙은 빛의 진행 방향과 무관합니다.

개미와 스넬의 법칙

다시 제 고등학교 시절로 돌아가 보죠. 물리학자를 꿈꾸던 저는 자연스럽게 물리학과에 원서를 냈는데, 떨어졌습니다. 덕분에 1년 간 재수를 하게 되었죠. 재수하면서 시(詩)도 많이 쓰고 여러 가지 생각을 했는데, 그중 하나가 제가 과연 물리학자가 될 만한 자질이 있는지에 대한 고민이었습니다. 저는 하나에 파고들기보다는 융합형 공부나 연구에 더 적합한 사람이라는 생각이 들었고, 이 때문에 자유전공학부라는 곳에 지원하게 되었습니다. 감사하게도 자유전공학부에서는 저를 뽑아주었습니다.

자유전공학부에 들어가서 저는 처음에 증권사 애널리스트가 되려고 했었습니다. 높은 연봉을 받으면서 기업 리포트를 쓰고, 반짝이는 구두를 신고 여의도로 출근하는 모습을 상상하고는 했습니다. 그러다가 자유전공학부 장대익 교수님의 수업을 들었는데, 뇌와 진화가 상당히 재미있다는 사실을 깨달았습니다. 철학적인 함의도 있으면서 수학, 생물학 등 여러 과학 지식이 필요하다는 점에서 그랬죠. 저는 수능 과학탐구 영역에서 과목을 4개 선택할 때 물리1, 물리2, 화학1, 지구과학1을 선택했습니다. 생물을 빼고 나머지 과목을 선택한 것이죠. 저는 생물을 별로 안 좋아했습니다.

과학 중에 제일 싫어하던 과목이었는데, 뇌와 진화를 이해하기 위해서는 생물학 공부를 해야 했습니다. 다행스럽게도 저는 전공을 자유롭게 선택할 수 있는 자유전공학부 소속이었습니다. 그렇게 생물학을 제 전공으로 선택하게 되었습니다. 수학도 전공으로 선택했는데, 대학에 오니 물리보다는 수학이 더 잘 맞는다는 생각이 들었습니다. 고등학교에서는 물리에 계산이 적고, 수학에 계산이 많았는데, 대학교에 오니 그 반대였습니다. 수학과에 가니 2학년 때부터는 문자를 많이 쓰지 숫자를 거의 쓰지 않았습니다. 반대로 물리학과 과목에서는 소수나 무리수같이 복잡한 수를 계산에 사용했습니다. 계산에서 실수를 자주 하는 저로서는 물리학보다는 수학이 더 잘 맞았습니다. 그렇게 수학과 생물학을 주전공으로, 부전공으로 철학을 공부했습니다. 대학원은 생명과학부로 진학했습니다. 융합형 연구를 하기에 가장 좋은 환경이라고 생각했기 때문입니다.

그렇게 대학원에 입학하고 얼마 되지 않아 개미와 관련된 회의를 하는데 문득 스넬의 법칙이 떠오르더군요. 예를 들어서 개미가 이동하기 어려운 표면이 있다고 하죠. 잔디가 무수히 자란 땅이나, 진흙탕이 있다면 아무래도 그런 땅 위를 걷는 것은 싫어할 것 같았습니다. 반면에 평평하고 장애물이 없는 땅 위를 걷는 것은 선호할 것 같았습니다.

또한, 개미들은 개미 군락의 입구에서 먹이까지 이어지는 길에 페로몬을 뿌립니다. 페로몬을 통해 다른 개미들을 끌어들이는 것이죠. 페로몬은 시간이 지나면서 증발합니다. 이 때문에 시간이 적게 걸리는 경로는 개미들이 더 자주 지나다녀서 페로몬이 점점 더 진해지지 않을까요? 반대로 시간이 많이 걸리는 경로는 그만큼 개미들이 왔다 갔다 하는 빈도수도 줄어들어 페로몬의 농도가 상대적으로 낮아질 것 같습니다. 그렇다면 개미에게도 페르마 법칙이 성립하지 않을까요? 즉 여러 경로가 있을 때, 개미들은 페로몬을 통해서 소요 시간이 가장 짧은 경로를 자연적으로 선택하지 않을까요?

저는 스넬의 법칙을 떠올리고는 이런 실험을 해보는 것이 어떨까 하고 제안하였습니다.

보통 바닥에서는 개미들이 빨리 이동하고, 카펫 같은 바닥 위에서는 개미들이 느리게 이동한다면, 개미들은 마치 공기 중에서 물로 들어갈 때 꺾어지는 빛처럼 자신의 경로를 꺾을 것 같았습니다.([그림 1-4])

나중에 검색을 해보니 개미들이 최소 시간의 원리를 따른다고 생각할 만한 근거 논문이 있더군요. 고스(S. Goss) 등이 1989년에 낸 논문에 따르면 먹이원에서 개미 군락까지 (혹은 그 반대 방향으로) 두 번의 갈림길이 있는 경우, 개미들은 페로몬을 통해 더 짧은 이동 시간이 걸리는 경로를 잘 선택합니다.

만일 개미들이 최소 시간의 경로로 이동한다면, 개미들도 스넬의 법칙을 따를 것으로 생각했죠. 저는 설렜습니다. 제 성인 '최'를 따서

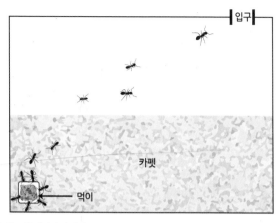

[그림 1-4] 보통 바닥과 카펫이 있는 실험판의 그림. 개미들은 카펫에서의 이동 거리를 줄일 것으로 생각되었다.

'최의 법칙'이라고 불릴 만한 규칙을 찾아낸 것만 같았습니다. 수학적으로도 개미들이 어떤 경로를 만들 것인지 예측할 수 있었지요.

위 실험의 도식에서 먹이의 위치를 A, 입구의 위치를 B, 개미들이 경로를 꺾는 위치를 P라고 해봅시다.([그림 1-5]) 계산상의 편의를 위해서 좌표계의 원점은 A에서 위쪽으로 올라가는 선과 두 매질의 경계가 만나는 점으로 잡겠습니다. 그림에서 원점은 O로 표시했습니다. A와 B 사이의 수평 거리는 L이라고 하고 선분 OP의 거리는 x라고 합시다. 우리는 이동 시간이 최소가 되는 P의 위치를 알고 싶습니다. 즉 시간을 최소화하는 x의 길이가 얼마인지를 알아내고 싶은 것이죠.

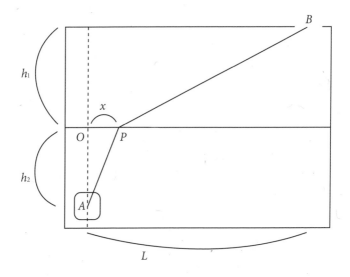

[그림 1-5] 실험판의 모습을 도식적으로 나타낸 그림

개미가 경로를 따라 이동하는 시간은 얼마일까요? 위쪽 표면의 속력을 v_1, 아래쪽 표면의 속력을 v_2라고 해봅시다. 거리는 속력×시간이니까 시간은 거리 나누기 속력이 될 것입니다. 수학적으로 표현하면 $t=s/v$입니다. s는 이동 거리 v는 속력이지요. 우리는 위쪽 표면에서 움직인 시간에 아래쪽 표면에서 움직인 시간을 더하고자 합니다. 위쪽 표면에서 움직인 시간을 T_1, 아래쪽 표면에서 움직인 시간을 T_2라고 해보죠. 위쪽에서 움직인 거리 S_1은 다음과 같습니다.(머리말에서 말했듯 수식을 꽤 좋아하는 분이 아니라면 수식 부분은 대강 넘어가셔도 상관없습니다.)

$$S_1 = \sqrt{h_1^2 + (L-x)^2}$$

피타고라스의 원리를 이용해서 구한 값이죠. 이 값을 위쪽 표면에서의 속력으로 나눠주면 다음과 같이 됩니다.

$$T_1 = \frac{\sqrt{h_1^2 + (L-x)^2}}{v_1}$$

비슷한 원리로 다음이 성립합니다.

$$T_2 = \frac{\sqrt{h_2^2 + x^2}}{v_2}$$

따라서 총 시간 T는 아래와 같습니다.

$$T = T_1 + T_2 = \frac{\sqrt{h_1^2 + (L-x)^2}}{v_1} + \frac{\sqrt{h_2^2 + x^2}}{v_2}$$

[그림 1-5]를 살펴보니 시간을 최소화시키는 x는 0과 L 사이에 있겠군요. x가 그 외의 범위에 있다면 길을 너무 돌아가는 것이 명백하므로 고려하지 않겠습니다. 그 범위에 대해서 x에 따른 T의 변화를 그려보면 [그림 1-6]과 같습니다.

그래프의 개형은 L, v_1, v_2, h_1, h_2의 값들에 따라 달라질 것입니

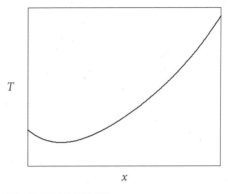

[그림 1-6] x값에 따른 이동시간(T)의 변화

다만, 보아하니 x가 어떤 값을 가질 때 T가 최소가 되는 것을 알 수 있군요. 조금 더 수학적으로 표현하자면 T를 x에 대해서 미분했을 때, 그 기울기가 0이 되는 x값이 시간을 최소로 만드는 x라는 것을 알 수 있습니다. 딱 봐도 최소점에서 기울기가 0이네요. 고등학교에서 배운 수학 기술을 사용하면 T를 x에 대해 미분할 수 있습니다. 그 수학 기술이 생각나지 않는다고 해서 자괴감에 빠지지는 말기 바랍니다. 수학을 계속 사용한 저 역시도 수능을 본 지 오래되어서 고등학교 지식은 다시 찾아봐야 하니까요. 여차여차해서 T를 x에 대해 미분하면 다음과 같은 식이 나옵니다.

$$\frac{dT}{dx} = \frac{1}{v_1}\frac{-(L-x)}{\sqrt{h_1^2+(L-x)^2}} + \frac{1}{v_2}\frac{x}{\sqrt{h_2^2+x^2}}$$

이 값이 0이 되면 되니까, 다음 식이 나옵니다.

$$\frac{1}{v_1}\frac{(L-x)}{\sqrt{h_1^2+(L-x)^2}}=\frac{1}{v_2}\frac{x}{\sqrt{h_2^2+x^2}} \quad \cdots \ (1)$$

엇! 그런데 무언가가 보이지 않나요?

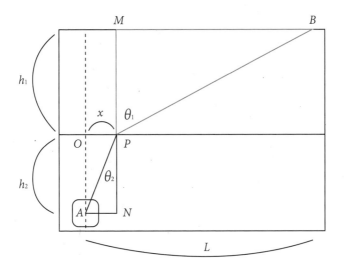

[그림 1-7] 새로운 보조선 $\overline{MN}$을 그리면 삼각형 PMB와 삼각형 PNA가 생겨난다.

위쪽에 새로 빨갛게 그린 삼각형($\triangle PMB$)을 봤을 때, PB의 길이가 $\sqrt{h_1^2+(L-x)^2}$이고 BM의 길이는 $L-x$입니다. 그렇다면 $\frac{(L-x)}{\sqrt{h_1^2+(L-x)^2}}$ 는 $\sin\theta_1$이군요! 비슷한 방법으로 $\frac{x}{\sqrt{h_2^2+x^2}}$는 $\sin\theta_2$입니다. 다시 (1)

번 식을 보죠. (1)번 식은 방금의 결과에 따라 다음과 같이 바꿔 쓸
수 있습니다.

$$\frac{1}{v_1}\sin\theta_1 = \frac{1}{v_2}\sin\theta_2$$

음? 어디서 많이 보던 식인 것 같은데요? 맞습니다. 양변에 빛의
속도인 c만 곱해주면 스넬의 법칙과 완전히 같아집니다. 즉 개미들
이 최소 시간의 경로로 움직인다면 스넬의 법칙과 같은 입사각과
굴절각으로 경로를 만들 것이라고 예측할 수 있습니다.

날아간 꿈

수학적인 기반이 잡혔으니 저는 제 아이디어를 증명할 실험을 계
획하였습니다. 동대문과 서울 시내의 대형마트를 돌아다니며 흰색
카펫을 찾아다녔습니다. 개미들이 검은색이기 때문에 바닥은 흰색
인 것이 가장 좋기 때문이었죠. 카펫에 털이 많다면 개미들의 이동
속도가 느려질 테고, 개미 버전 스넬의 법칙 실험을 하기에 적절한
매질이 될 것이었습니다. 저는 그렇게 여러 가지 카펫을 모았고 개
미들이 이동하기 힘들어하는 흰색 카펫을 찾아낼 수 있었습니다.

실험을 위해서 스티로폼과 비슷한 폼 보드로 개미 실험판을 만

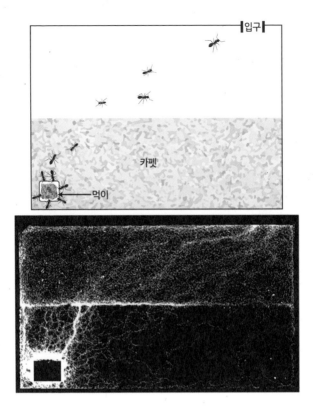

[그림 1-8] 실제 실험의 결과

들었습니다. 판의 가장자리에는 벽을 만들고 테플론이라고 불리는 인공기름을 발랐습니다. 그 물질을 바르면 개미들이 벽을 올라탈 수 없거든요. 그렇게 2016년 여름 저는 판을 들고 캠퍼스의 이곳 저곳을 누볐습니다.

개미굴 앞에 판을 놓고 먹이로 참치 간 것을 놓아주면 얼마 지나지 않아 개미들의 경로가 생겨납니다.(경우에 따라 바퀴벌레나 밀웜을 먹이로 쓰는 경우도 있지만, 저는 구하기 쉬운 참치 통조림을 사용했습니다.) 초반 실험을 해보니 정말 스넬의 법칙처럼 경로가 형성되더군요!

[그림 1-8]은 제가 실험했던 결과입니다.

앞서 설명한 그림처럼 아래쪽이 카펫으로 되어 있는 실험판입니다. 아래쪽 그림의 경우, 밝을수록 개미들이 많이 지나다닌다는 뜻입니다. 왼쪽 아래의 검은 사각형이 먹이가 있는 곳이고 오른쪽 위에 입구가 있습니다.

정말 빛의 경로와 개미의 경로가 비슷하지 않나요? 저는 신이 나서 매일 실험을 했습니다. 그렇지만 어느 날 집에 와서 인터넷 검색을 하다 보니 누군가 저와 똑같은 실험을 했더군요. 2013년 논문이었습니다. 결과는 제가 예상했던 것과 똑같았습니다. 개미들이 페르마의 원리와 스넬의 법칙을 따른다는 것이었죠. 그 사실을 접한 순간, 저는 당황하고 낙담했습니다. 신나서 하던 실험이 더 이상 새로운 실험이 아니었기 때문입니다. '최의 법칙'은 날아간 꿈이 되었죠. 저는 선택을 내려야만 했습니다. 그 선택에 대해서는 다음 장에서 설명하겠습니다.

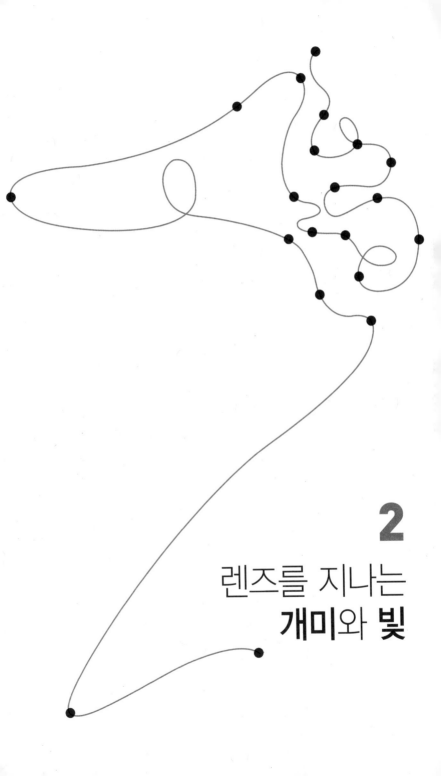

2

렌즈를 지나는
개미와 빛

Mathematics *of* Ants

From trails to pheromones and social structures

제 장점을 하나 꼽자면, 극한의 어려움에서 이성적인 판단을 잘 내리는 것 같습니다. 예컨대 고등학교 3학년이던 2008년에 저는 수능을 보았고, 수능을 마치고 집에 와서는 두 가지 사실을 알게 되었습니다. 첫째는 제가 수능을 평소보다 매우 못 봤다는 것이었고 둘째는 서울대학교 물리천문학부 수시 1차에서 탈락했다는 것이었습니다. 몇 시간 전까지 해도 멋진 대학생을 꿈꾸던 저였는데, 졸지에 재수가 확정되어 버렸습니다. 참 암담하더군요. 그렇지만 저는 정신을 차리고 그다음 날부터 3학년 2학기 기말고사를 준비하는 데 온 힘을 다했습니다. 내신을 조금이라도 끌어올리기 위해서였죠. 저 말고 다른 학생들은 수능 이후에 보는 기말고사를 그리 열심히 준비하지 않았죠. 그렇게 태어나 처음으로 내신에서 모두 1등급을 받아 내신 성적을 조금 끌어 올릴 수 있었습니다. 덕분에 그다음 해에 수시에서 합격을 하는 행운을 누릴 수 있었죠.

렌즈 제작자 공식

저와 똑같은 실험을 누군가가 했다는 상황 역시 저로서는 매우 위기였습니다. 저는 지도교수님과의 논의를 통해 몇 가지 대응방안을 생각해보았습니다.

첫째, 스넬의 법칙 실험을 계속해서 이전 연구를 반복하는 것입니다. 다른 사람의 실험이 다른 환경에서도 잘 맞아떨어진다는 것을 확인하는 실험은 과학적으로 분명 가치가 있습니다. 그렇지만 학계의 특성상 남의 결과를 확인하는 실험 결과는 영향력 있는 저널에 실리기 어렵습니다.

둘째, 스넬의 법칙 실험 이후에 하려 했던 연관 실험을 하는 방법이 있었습니다. 페르마의 원리와 스넬의 법칙을 잘 조합하면 렌즈 제작자 공식이라는 광학 법칙을 유도해 낼 수 있습니다. 얇은 렌즈에서 빛이 어떻게 모이고 퍼지는지를 예측하는 식인데, 과거 렌즈를 만드는 사람들이 이 식을 자주 이용해서 '렌즈 제작자 공식'이라는 이름이 붙었습니다. 저는 그 식에서 아이디어를 얻어 렌즈 모양의 장애물을 만들어서 개미들의 움직임을 관찰하고 싶었습니다.

셋째, 개미 실험을 그만두고 예전부터 하던 이론 논문을 계속하는 방법이 있었습니다.

저는 두 번째 방법을 선택했습니다. 그렇지만 개미 실험은 특성상 6월 말부터 9월 초까지만 진행할 수 있습니다. 그 이전이나 이후에는 기온이 낮아 개미들이 활발하게 움직이지 않기 때문입니다. 제가 렌즈 모양의 장애물 실험을 하기로 마음먹었을 때는 이미 7월로 접어든 시점이었습니다. 시간이 많지 않았습니다. 저는 인터넷으로 폭이 넓은 벨크로(일명 찍찍이)를 주문했습니다. 찍찍이는 미세한 고리가 있는 쪽과 보풀보풀한 쪽으로 나뉘는데, 개미들이 이동하기에는 보풀보풀한 쪽이 더 어려울 것 같아 그쪽을 주문했습니다. 저는 벨크로를 잘라서 [그림 2-1]처럼 세 가지 모양으로 만들었습니다.

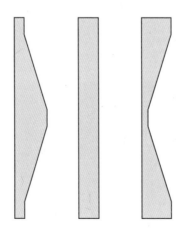

[그림 2-1] 렌즈 모양으로 자른 벨크로의 모습

제 아이디어는 이렇습니다. 오목렌즈처럼 생긴 벨크로의 경우 입구와 먹이를 잇는 직선 경로가 가장 편하고 시간도 짧게 걸리는 경로입니다. 반면 볼록렌즈 벨크로의 경우 중심을 지나지 않는 것이 시간이나 에너지 측면에서 더 유리할 것 같았습니다. 더 유리하지는 않더라도, 적어도 오목렌즈 모양 벨크로의 경우보다 돌아가는 것이 덜 불리할 것 같았죠. 그렇다면 볼록렌즈 모양 벨크로의 경우, 중심에서 떨어진 경로를 선택하는 개미들이 다른 경우보다 더 많지 않을까요?

빛은 그런 식으로 움직입니다. 광원에서 목표를 향해 빛이 갈 때, 볼록렌즈에서는 렌즈의 어느 부분을 통과하더라도 목표 지점에 도달할 수 있습니다. 반면 평면이나 오목렌즈에서는 가운데 지점을 통과해야만 목표 지점에 갈 수 있습니다.([그림 2-2]) 만일 개미의 경로에 페르마의 원리와 스넬의 법칙이 적용된다면, 렌즈 제작자 공식 역시

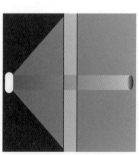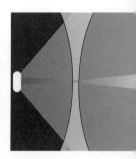

[그림 2-2] 광원에서 빛이 나와 목표에 닿는 그림. 목표에 닿는 빛은 파랗게 표시되었다.

적용될 것이라는 논리적 희망을 가지고 실험을 시작했습니다.

실험을 하는 도중에는 최종적인 결과를 알지 못합니다. 이 때문에 최종 결과가 유의미한지 그렇지 않은지도 실험이 끝날 때까지는 알 수 없습니다. 그것이 실험하는 사람들의 입장에서는 참 초조한 부분입니다. 열심히 실험을 하고 있는데, 그 실험이 유의미한지 아닌지는 끝날 때까지 모르기 때문이죠.

여차여차해서 데이터를 모두 모았습니다. 개미를 찍은 영상을 처리하고 추적 프로그램을 써서 개미들의 좌표를 구했죠. 저는 적절한 지표를 개발하여 개미들의 경로가 얼마나 '퍼졌는지'를 알아내야 했습니다. 만일 제 추측이 정확하다면 볼록렌즈 모양의 장애물에서 경로가 가장 많이 퍼지고, 오목렌즈 모양의 장애물에서는 경로가 가장 모여 있어야겠죠. 저는 그것을 증명할 만한 적절한 지표를 개발하고자 했습니다.

저는 앤트랙스(AnTracks)라는 추적 프로그램을 사용해서 개미들의 경로를 뽑아냈습니다. 앤트랙스는 영상에서 각 개미들의 위치를 좌표로 뽑아주었습니다. 이를테면 [표 2-1]과 같은 데이터를 주는 식입니다.

경로 ID가 같은 점들끼리는 같은 경로입니다. 시간은 몇 번째 프레임에서 정보를 가져왔는지 알려줍니다. 캠코더가 1초에 30프레임을 찍고, 분석할 영상의 총 길이는 30분이기 때문에 총 프레임 수는

[표 2-1]

경로 ID	시간	x좌표	y좌표
1	1	324	454
1	2	324	459
1	3	325	463
1	4	327	468

30×30×60으로 54,000입니다. 각 프레임마다 개미가 여러 마리 있기 때문에 실제로 다뤄야 하는 데이터는 정말 많습니다.

때마침 빅데이터 연구원에서 빅데이터 관련 연구에 지원을 해준다는 소식이 들렸습니다. 저와 교수님, 동료들은 며칠 동안 혼신의 힘을 다해 개미와 빅데이터의 연관성을 역설하는 연구 계획서를 썼고 결국 빅데이터 지원 사업에 선정되었습니다.

18번의 실험을 하고 영상 분석을 하니 말도 안될 만큼 방대한 데이터가 나왔습니다. 그 데이터로부터 적절한 지표를 뽑아내어 어떠한 의미를 만들고 싶었습니다. 문제는 어떤 지표를 사용하느냐였습니다.

우선 개미들의 경로가 얼마나 퍼져 있는지를 알아야 했습니다. 퍼짐의 정도를 나타낼 때는 표준편차가 좋을 것 같다는 생각이 들었습니다. 그 이름처럼 편차를 나타내는 표준적인 지표니까요. 그렇다면 무엇에 대한 표준편차를 사용해야 할까요?

우선 좌표계를 잡는 것이 좋을 듯합니다. 좌표계를 잡아야 헷갈리지 않고 분석을 할 수 있으니까요. 편의상 입구에서 먹이를 잇는 축을 x축, 그 축에 수직인 축을 y축이라고 정했습니다. y가 0에서 멀어질수록 개미들은 중심에서 더 멀어진 곳에 있다는 뜻입니다.

또한 저는 분석 지역을 설정했습니다. 렌즈 모양 벨크로 위에 가상의 영역을 만들어 분석을 시작했죠. 처음에는 경로나 시간, 이런 것들은 다 무시하고 분석 영역 위에서 개미들의 y좌표만 가지고 표준차를 구하려고 했습니다. 개미들이 많이 지나갈수록 분석 지역

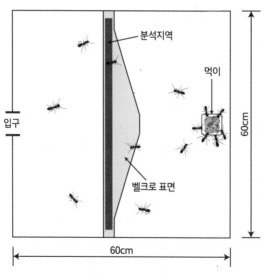

분석지역

먹이

입구

벨크로 표면

60cm

60cm

[그림 2-3] 실험판의 모습. 가운데 렌즈 모양의 벨크로가 있고 오른쪽에 간 참치가 먹이로 있다.

에서 뽑아낸 y값들도 많이 나올 것입니다. 이들의 표준편차, 그러니까 평균에서 벗어난 정도가 커질수록 개미들의 경로도 그만큼 퍼져 있다는 뜻이겠죠.

이 지표에는 치명적인 약점이 하나 있었는데, 바로 느린 개미들이 전체 지표에 더 많은 영향을 준다는 사실이었습니다. 예를 들어 살펴보겠습니다. [그림 2-4]처럼 두 개미가 있습니다.

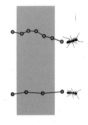

[그림 2-4] 느린 개미(위)는 빠른 개미(아래)에 비해 더 많은 자취를 남긴다.

한 개미는 분석지역 위를 천천히 움직이고, 다른 개미는 빠르게 움직입니다. 그렇다면 천천히 움직인 개미는 더 많은 점들을 남길 것입니다. 30분의 1초당 점이 하나씩 찍히기 때문입니다. 따라서 다른 것들을 다 무시하고 각 위치에서 개미들의 y좌표만 구한 뒤 표준편차를 구한다면 느린 개미의 영향력이 빠른 개미보다 더 강해집니다. 더 많은 점들을 남겼기 때문입니다. 둘 다 한 번만 분석 지역을 통과했다고 해도 그렇습니다. 무언가 적절한 해결 방안이 필요했습니다.

이럴 때 필요한 것이 가중치입니다. 가중치를 잘 주기만 한다면 느린 개미나, 빠른 개미나 전체 지표에 동등하게 기여할 수 있을 것입니다. 제일 먼저 떠오르는 것은 속력입니다. 빠른 개미가 분석 지역 위에 남기는 점의 개수가 적으니 그만큼 큰 가중치를 주는 것입니다. 반대로 느리게 움직이는 개미는 각 점에 대하여 더 적은 가중치를 받습니다.

이것 역시 괜찮은 지표이지만 또 다른 치명적인 약점이 있었습니다. 분석 지역 위에서 이동 거리가 길어질수록 더 강한 가중치를 받게 되어 있습니다. 속력을 다 더한 값은 이동 거리에 정비례하기 때문입니다. 그러니까 구불구불한 경로로 이동한 개미는 x축과 나란하게 이동한 개미에 비해 더 큰 가중치를 받습니다. 두 경우 모두 분

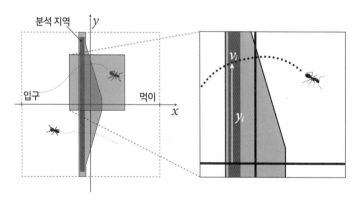

[그림 2-5] 개미의 좌표를 통해 이동 속력(v_i)과 중심선으로부터의 거리(y_i)를 구할 수 있다.

[그림 2-6] 속력으로 가중치를 주면 더 긴 자취를 남기는 개미(위)는 그렇지 않은 개미(아래)에 비해 전체 결과에 더 큰 기여를 하게 된다.

석 지역을 한 차례 통과한 것인데도 말입니다.([그림 2-6])

여기서 공평한 지표인 수평 속력이 등장합니다. 개미의 각 점에 그 점에서의 수평 속력을 곱해주면 느린 개미나, 빠른 개미나 같은 양만큼 전체 결과에 기여하게 됩니다. 구불구불하게 가든, 직선으로 가든, 어떻게 가든 수평 속도의 합은 분석 지역의 폭에 비례하기 때문이죠.

이제 가중이 있는 표준편차를 구할 차례입니다. 개미들이 남긴 각 점의 y좌표를 y_i라고 합시다. 여기서 i는 i번째 좌표값이란 뜻입니다. 그렇다면 여기에 가중치인 $v_{h,i}$를 고려한 y_i들의 표준편차가 바로 우리가 사용할 지표입니다. $v_{h,i}$는 i번째 좌표의 수평 속력이지요. 이 지표는 개미의 속력이나 이동 거리에 관계가 없는 강인한 지표입니다. 우리는 이 지표를 y_i에 따른 히스토그램으로 그릴 수 있습니다.

[그림 2-7]을 보면 히스토그램이 나타내는 바를 알 수 있을 것

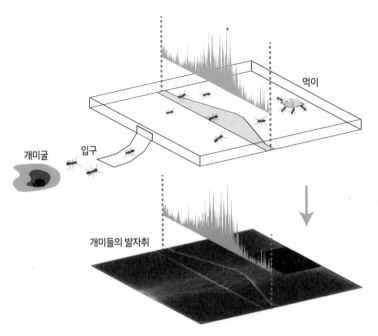

[그림 2-7] 개미들이 실험판 위에서 움직이며 히스토그램을 만드는 과정

입니다. 개미들이 굴에서 나와 실험판 위에 올라가서 벨크로로 된 렌즈 모양의 장애물을 건너는데, 중심으로 가는지, 외곽으로 가는 지에 따라 히스토그램의 꼬리(양 옆 부분)이 얇아지기도, 두꺼워 지기도 합니다. 개미들이 중심으로 많이 갈수록 히스토그램의 꼬 리는 얇아지겠죠.

[그림 2-8]의 왼쪽 열에 있는 그림들은 개미들의 위치를 나타낸

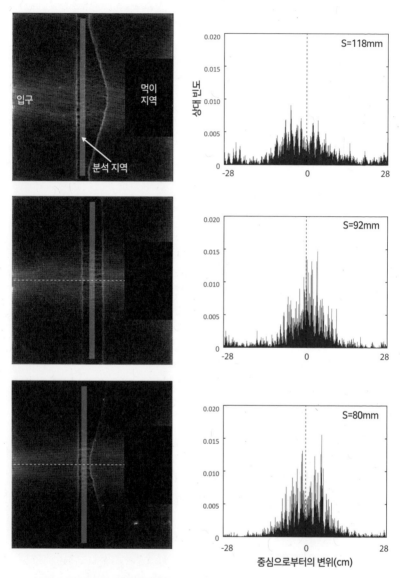

[그림 2-8] 개미들이 다양한 장애물을 지나가며 만들어내는 자취(왼쪽 열)와 분석 지역 위에서 개미의 퍼짐을 나타내는 히스토그램(오른쪽 열)

것입니다. 밝은 부분일수록 개미들이 많이 지나다닌다는 뜻이죠. 밝게 하이라이트 된 부분은 앞선 그림([그림 2-3])의 분석 지역입니다. 오른쪽 열에서는 분석 지역의 y축을 따라 방금 말한 수평 속력 ($v_{h,i}$)의 히스토그램을 그린 것입니다.

저는 가중치가 있는 표준편차를 구해서 이것을 퍼짐의 지표로 삼았습니다. 이 값은 오른쪽 열에서 S로 나타나 있습니다. 개미들이 중심에서 많이 퍼져나갈수록 이 지표의 값 역시 커지겠죠. 실제로 결과를 보니 볼록렌즈 모양에서 가중 표준편차의 크기가 제일 컸고, 오목렌즈 모양에서 그 값이 가장 작았습니다. 해석하자면 볼록렌즈 모양의 장애물의 경우, 개미들이 중심 경로가 아닌 측면 경로를 더 자주 이용한다는 뜻이었습니다. 제 생각이 맞았습니다.

종합해보자면 다음과 같은 평행 논리 구조가 성립합니다. 최소

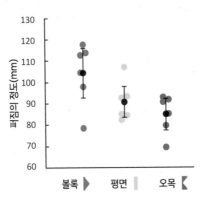

[그림 2-9] 장애물 모양에 따른 개미 경로의 퍼짐 정도

시간의 원리는 스넬의 법칙을 유도하고, 스넬의 법칙은 렌즈 제작자 공식을 유도합니다. 개미에게도 최소 시간의 원리가 있고, 개미 버전 스넬의 법칙도 성립합니다. 이 때문에 개미 버전 렌즈 제작자 공식도 성립할 것이라고 기대했었죠.

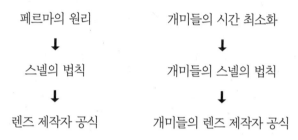

물론 개미의 행동과 빛의 행동이 비슷하게 보이지만 실제로 빛과 개미가 시간을 최소화하는 방법은 상당히 다릅니다. 저는 여기서 개미들이 만든 최종적인 경로만을 가지고 유사성이 있다고 말하는 것입니다. 빛은 작용 최소의 법칙을 통해, 개미들은 페로몬과 기억 및 여러 길찾기 방법을 통해 경로를 찾습니다. 그럼에도 불구하고 두 시스템 사이에 결과적 유사성이 있다는 것은 매우 흥미로운 점입니다. 개미를 가지고 진행한 이 연구는 SCI급 저널인 《사이언티픽 리포츠(Scientific Reports)》에 게재되었습니다.

이제 처음의 질문으로 돌아가겠습니다.

'개미와 빛의 공통점은 무엇인가요?'

이런 질문을 들으면 머릿속에서 이제 어떤 생각이 드나요? 말이 안 되는 질문 같나요? 우리의 답은 이렇습니다.

'둘 다 이동 시간을 최소화하려는 경로로 이동합니다.'

※ 이 장에 나온 그림들은 최지범 등이 기술한 《Scientific Reports》(2020)에 실린 논문 "Trails of ants converge or diverge through lens-shaped impediments, resembling principles of optics"의 그림들을 변용한 것들입니다.

3

개미만 보이게
해주세요,
제발

Mathematics *of* Ants

From trails to pheromones and social structures

개미들의 영상을 찍은 다음에는 영상을 분석해야 합니다. 논문을 쓰기 위해 방대한 양의 영상의 분석하던 그때를 떠올리니 벌써 한숨이 나오는군요. 이번 장에서는 개미 영상을 분석하기 위한 수학적인 원리에 대해 알아보겠습니다. 최종적인 목표는 개미가 아닌 모든 것을 지우는 것입니다.

저는 흰색의 실험판을 두고 그 옆에 큰 삼각대를 세운 뒤 캠코더로 영상을 찍었습니다.

다행히 개미가 검정색이기 때문에 개미와 배경을 구분하는 것은 어렵지 않았습니다. 물론 사람에게는 그렇지요. 저는 앞서 말했던 '앤트랙스'라는 프로그램을 사용해서 개미들의 프레임별 좌표를 뽑아내려고 했었는데, 아무래도 배경을 깔끔하게 없애지 않으면 프로그램이 힘들어하더라고요. 힘들어한다는 것은 계산 시간도 오래

[그림 3-1] 개미 실험판을 놓고 촬영하는 모습

걸리고 정확도도 떨어진다는 뜻입니다. 개미판 위에 있는 그림자를 개미로 인식하기도 하고, 그늘 밑으로 들어간 개미는 추적하다가 놓치기도 했습니다. 무언가 해결책이 필요했습니다. 개미가 아닌 모든 것을 지워버리고 싶었습니다. 개미는 반짝거리게 하구요. 어떻게 하면 그렇게 할 수 있을까요?

이 작업을 위해서는 우선 이미지의 기본 구조를 이해하고 있어야 합니다. 빛의 삼원색은 빨강(R), 초록(G), 파랑(B)입니다. RGB라고 불리는 이 세 가지 빛을 조합하면 모든 색의 빛을 만들 수 있습니다. 참고로 모니터나 휴대폰 화면처럼 빛을 내는 디스플레이는 이 RGB 세 가지 색을 사용하지만, 신문이나 책은 RGB가 아닌 CMYK라는 다른 체계를 사용합니다. 종이에 묻은 잉크는 빛을 스스로 내는 것이 아니라 다른 빛을 반사하기 때문에 이런 차이가 발생합니다.

여하튼 우리에게는 동영상 파일이 있고 이 동영상은 여러 장의 이미지 파일로 저장되어 있습니다. 1초에 30장의 사진을 찍는 것이지요. 각 사진은 픽셀(점)로 되어 있는데, 저는 1920×1080의 해상도를 사용했습니다. 가로에 1920개, 세로에 1080개의 픽셀이 있다는 뜻이죠. 총 픽셀의 개수는 2,073,600개입니다.

각 픽셀에는 색상정보가 들어 있습니다. 빨강과 초록, 파랑이 각각 얼마나 들어가는지를 0에서 255 사이의 숫자를 통해 표현하죠. 예를 들어서 (255, 0, 0)은 빨강이 255만큼 들어가고, 초록과 파랑은

전혀 들어가지 않았다는 뜻인데, 진한 빨강을 나타냅니다. (255, 255, 0)은 빨강과 초록이 섞인 노랑이 됩니다. (0, 0, 0)은 검정이고, (255, 255, 255)는 흰색입니다. (100, 100, 100)은 어두운 회색 정도입니다.

실제로 어도비 포토샵(Adobe Photoshop) 프로그램을 이용하여 색을 찍어보면 RGB값이 각각 얼마인지를 알려줍니다. 매트랩(MATLAB)이라는 프로그램을 이용해 이미지를 열면 0에서 255 사이의 숫자들이 주르르르륵 튀어나오죠. 컴퓨터는 각 픽셀에 이렇게 3가지 값을 넣어두고 이미지를 저장합니다. 서로 다른 사진들을 빠르게 바꿔가며 보여주면 동영상이 됩니다.

자, 다시 개미 이야기로 돌아가 보겠습니다. 저는 실험판의 배경을 없애버리고 싶었습니다. 그렇다면 우선 배경이 어떤 모양인지 알아야겠지요. 저는 어도비 포토샵을 이용해서 실험판에서 개미들을 지운 이미지를 만들었습니다. 그 이미지는 배경의 이미지이지요. 그 이미지를 원래 영상에서 '빼주면' 개미의 영상만 남지 않을까요? 빼주는 방법은 간단합니다. 동영상 편집 프로그램인 어도비 프리미어 프로(Adobe Premiere Pro)에는 서브트랙(subtract), 다시 말해 빼기 기능이 있습니다. 동영상에서 이미지를 빼준다는 뜻입니다. 이미지를 뺀다는 것이 무슨 뜻일까요?

예를 들어서 (100, 100, 100)이라는 회색에서 (140, 20, 20)인 붉은색을 빼주면 (0, 80, 80)인 청록색이 나옵니다. 빨강에서 빨강

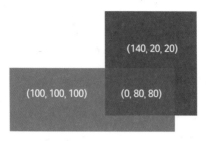

[그림 3-2] 한 색에서 다른 색을 빼주면 또 다른 색이 나온다.

을, 녹색에서 녹색을, 파랑에서 파랑을 뺀 값이죠. 빨강 성분의 경우 100에서 140을 뺐는데, 색상값으로 −40 같은 음수를 가질 수 없으니 0으로 처리됩니다.

그렇게 개미 영상에서 배경을 빼주면 [그림 3-3]과 같은 모습이 나타납니다.

[그림 3-3] 개미 영상에서 배경을 빼주면 추적이 더 용이해진다.

여기서 개미는 흰색, 개미가 아닌 배경은 검정색으로 나옵니다. 배경을 배경으로 빼주면 (0, 0, 0)이 되어 검정으로 보입니다. 개미의 경우, 그 반대인 흰색으로 보입니다. 아무래도 개미는 좀 더 밝고, 개미가 아닌 것은 좀 더 어두우면 좋을 것 같습니다. 이때 우리는 역치값을 설정합니다. 역치보다 밝은 것은 아주 밝게, 역치보다 어두운 것은 아주 어둡게 바꾼다면 대비가 더 선명하게 보이겠죠.

말하자면 이미지라는 것은 거대한 행렬의 집합입니다. 색은 그 행렬을 나타내는 표시에 불과하죠. 행렬 위의 숫자들을 요리조리 잘 바꾸다보면 이미지의 밝기나 대비, 위치 등이 바뀌는 것입니다.

이제 이 자료를 이미지 추적 소프트웨어에 넣으면 드디어 좌표값이 나오기는 하는데… 한 가지 문제가 있습니다. 제가 사용한 실험판은 정사각형 모양인데 카메라가 약간 비스듬하게 실험판을 찍었기 때문에 영상에 나오는 실험판은 정사각형이 아닌 사다리꼴 비슷한 모양으로 나옵니다. 이것 역시 제가 해결해야 할 문제 중 하나였습니다.

약간 과장을 해서 화면에 보이는 실험판이 [그림 3-4]와 같다고 해보죠.

개미들은 삐뚤어진 사각형 위에서 움직이는 것처럼 보입니다. 이 경우 좌표값을 뽑아낸 다음에 가공의 과정을 거쳐야만 개미판 위에서의 정확한 위치를 알 수 있습니다.

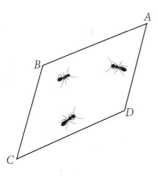

[그림 3-4] 정사각형인 개미 실험판은 영상에서 약간 찌그러져 나타난다.

개미판 위의 좌표를 하나 뽑아냈을 때, 이들을 보정해서 정사각형 판 위에서 어느 위치에 있는지를 알아내는 과정을 살펴보겠습니다.

먼저 각 꼭짓점의 좌표를 [그림 3-4]에서 보이는 것처럼 A, B, C, D라고 하겠습니다. 편의상 C를 원점으로 잡읍시다. 몇 가지 과정을 거쳐서 이 삐뚤어진 사각형을 정사각형으로 만드는 것이 목표입니다. 삐뚤어진 사각형 안에 있는 개미들의 좌표도 그에 따라 같이 움직여서 정사각형 안에서의 위치를 알 수 있게 됩니다.

첫 번째 과정을 통해 C와 D를 잇는 선이 x축과 맞닿도록 변환이 일어나면 좋겠습니다. 삐뚤어진 사각형 안에 있는 모든 점들이 어떻게 움직여야 하는지 그 원리를 찾아야 합니다. C와 D를 잇는 선을 살펴봅시다. x축과의 거리는 x가 커질수록 더 커집니다. C와 D를 잇는 선은 $y=ax$꼴로 표현 가능한데, x축과의 거리인 y의 절댓값은 x가 커질수록 더 커지기 때문이죠. 그렇다면 x값이 큰 점들일수록 그들의 y값에서 더 많은 무언가를 빼주어야 (혹은 더해주어야) x축에 닿을 것입니다. 그렇다면 삐뚤어진 사각형 안에 있는 모든 점들에 대해 다음과 같은 변형을 생각해봅시다.

$$(x, y) \longleftarrow (x, y - ax)$$

x값은 그대로 두고 y값에서 ax만큼을 빼주는 것입니다. a값은 C와 D 사이의 기울기이죠. 다시 말해 새로운 y는 기존의 y에서 ax를 뺀 값입니다. 이렇게 변환을 하고 나면 사각형은 [그림 3-5]와 같이 변합니다. C와 D를 잇는 선이 x축에 닿았군요. 아주 조금이기는 하지만 정사각형에 가까워진 듯합니다.

두 번째 과정으로 B와 C를 잇는 선을 y축에 붙여 봅시다. B와 C

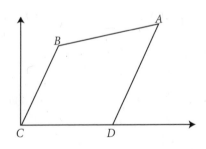

[그림 3-5]

를 잇는 선분은 $y=bx$꼴일 것입니다. 따라서 그 선분의 x값은 $x=y/b$로 표현할 수 있습니다. x의 절댓값은 y축과의 거리입니다. 모든 x좌표에서 y/b만큼을 빼보죠.

$$(x, y) \leftarrow (x - \frac{y}{b}, y)$$

이번에는 y값은 그대로 두고 x값만 변화시켰습니다. 그렇게 하면 [그림 3-6]과 같은 모습이 됩니다.

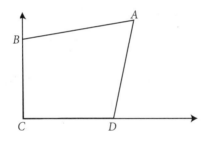

[그림 3-6]

이제 B, C, D가 축에 붙었습니다. 이제는 x와 y값을 단순히 미는 것이 아니라 짜부라트려야 올바른 사각형을 만들 수 있습니다. 적절한 압력을 가해서 선분 AB를 x축과 평행하게 만들면 좋을 것입니다.

B와 C 사이의 거리를 L_1이라고 해봅시다. 또 A와 B를 잇는 선

분의 식을 $y=rx+k$라고 합시다. 사각형 안에 있는 임의의 점 (x_0, y_0)에서 수직 위로 가면 $y=rx+k$와 만나겠죠. 그 만나는 점은 (x_0, rx_0+k)입니다. 이 점을 (x_0, y_0)의 천장이라고 이름 붙이겠습니다.

우리는 어떠한 y값을 찾고 싶습니다. 그 y값은 (x_0, y_0)에 짜부라트려짐 변환이 가해지고 난 후의 값입니다. 짜부라트려진 점의 새로운 천장의 높이는 L_1이 되면 좋겠습니다. 즉 압력이 가해지고 생긴 새로운 B와 A를 잇는 선이 x축과 평행하도록 바꾸고자 합니다.

이러기 위해서는 천장이 L_1보다 많이 높을수록 더 강한 압력으로 점들을 아래쪽으로 눌러줘야 합니다. x축에 가까운 점들은 별로 움직일 필요가 없습니다. 반면 A나 천장처럼 x축에서 멀리 떨어진 점들은 더 많이 움직여야 하죠. 이 변환이 일어나고 난 후 새로운 y와 L_1의 비가 y_0와 그 천장의 비와 같으면 비율이 유지되는 적절한 짜부라짐이 되었다고 생각할 수 있습니다. 즉 $y:L_1=y_0:(rx_0+k)$

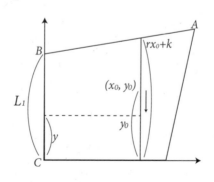

[그림 3-7]

가 성립해야 하죠. 이 비례식을 풀면 y가 $\dfrac{L_1}{rx_0+k}y_0$가 되어야 한다는 것을 알 수 있습니다.

이제 다음과 같은 변환을 시행합니다.

$$(x, y) \longleftarrow (x, \frac{L_1}{rx+k}y)$$

이제 삐뚤어진 사각형은 [그림 3-8]과 같이 변했습니다.

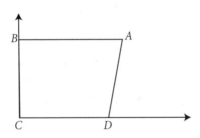

[그림 3-8]

마지막 변환도 적절하게 짜부라트려주면 됩니다. A와 D를 잇는 선을 $y=mx+n$이라 하고 C와 D를 잇는 길이를 L_2라고 했을 때, 다음과 같은 변환을 시켜주면 되죠.

$$(x, y) \longleftarrow (\frac{mL_2}{y-n}x, y)$$

근본적인 원리는 앞에서처럼 y를 짜부라트려주는 것과 같습니다.

이제 직사각형이 나왔습니다! 마지막 보정은 간단하죠. 그냥 x와 y좌표들에 적절한 값을 곱해서 직사각형이 정사각형이 되게 하면 됩니다.

이런 일련의 변환들을 거치면 찌그러진 사각형 위에서 측정된 개미의 좌표가 원래 정사각형인 실험판 위에서 어느 위치에 있었는 지 알 수 있습니다. 이 코드를 짜느라고 상당히 고생했던 기억이 떠오릅니다. 정말 헷갈림과 헷갈림의 연속이었죠. 따라서 이 방법이 이해되지 않는다고 실망하실 필요는 없습니다. 헷갈리는 것이 당연할 정도로 함정이 많은 방법이니까요.

그나저나 저에게는 행운이 따랐다는 생각이 듭니다. 1990년에 태어났기 때문에 그나마 괜찮은 컴퓨터들을 가지고 영상처리작업을 할 수 있었습니다. 10년 정도 일찍 태어났더라면 이렇게 긴 영상을

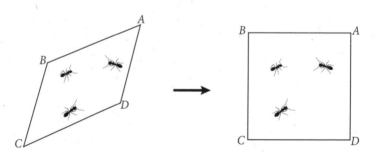

[그림 3-9] 몇 번의 변환을 거치면 찌그러진 사각형은 정사각형이 된다.

처리하리라고 기대조차 하지 않았을 것입니다. 최신의 컴퓨터로도 상당히 오랜 시간이 걸렸으니까요. 더 일찍 태어났다면 아마 손으로 개미들의 위치를 추적했을 겁니다. 상상하기도 싫군요. 실제로 과거의 연구자들은 그을린 유리판 위에서 개미를 걷게 한 뒤 개미들이 남긴 발자국을 보고 개미의 움직임을 연구했습니다. 개미들의 위치는 당연히 일일이 손으로 찍어서 구했죠.

이제 개미들의 위치를 뽑아냈으니 이들을 분석해야 합니다. 또다시 코드를 짜야 한다는 뜻입니다. 또 생각지도 못한 문제들이 우리를 기다리고 있을 겁니다!

4

영국 해안선과
개미 경로의 길이

Mathematics *of* Ants

From trails to pheromones and social structures

우여곡절 끝에 개미들의 좌표를 얻는 데 성공했습니다. 기본적인 데이터를 얻은 것입니다. 이제 이 데이터를 처리해야 합니다. 이 데이터의 양은 어마어마하기 때문에 컴퓨터의 도움을 빌려야 하죠. 컴퓨터의 도움을 빌리기 위해서는 컴퓨터의 언어로 명령을 내려야 합니다. 인간의 뜻을 컴퓨터의 언어로 바꾸는 행위를 '코딩'(coding)이라고 표현합니다.

우리는 관측을 했습니다만, 이 관측이라는 것이 늘 완벽한 것은 아닙니다. 관측에는 항상 오차가 존재하죠. 이 오차를 또 처리해야 합니다. 이번 장에서는 측정된 값들을 처리하는 과정에서 나타나는 수학적 문제와 그 해결책들에 대해 알아보겠습니다.

먼저 질문을 하나 해보겠습니다. 만델브로트(B. Mandelbrot)라는 수학자가 던진 이 질문은 상당히 유명합니다.

"영국 해안선의 길이는 얼마인가?"

이거는 그냥 재면 되는 것 아닌가요?

음, 그렇다면 한번 재보죠. 논의의 간결함을 위해서 바다는 완벽하게 잔잔하다고 가정하겠습니다. 파도가 치면 어디가 경계인지 헷갈릴 수 있으니까요.

이런 방법은 어떨까요. 막대기를 아주 많이 준비한 뒤에 영국 해안선을 따라 걸으면서 열 걸음에 하나씩 박는 것입니다. 그렇게 영국 섬을 모두 한 바퀴씩 돌고 나면 전체 길이를 알 수 있지 않을까요? 막대와 막대 사이의 길이를 전부 잰 다음에 모두 더하는 것입니다. 이 방법은… 글쎄요. 그렇게 정확하지는 않을 겁니다. 실제 해안선의 길이는 이렇게 잰 것보다 더 길 것입니다. 다음의 [그림 4-1]을 한번 보겠습니다.

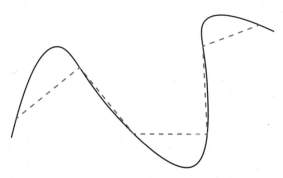

[그림 4-1] 곡선의 중간 중간에 점을 찍어 점 사이의 거리를 더하면 그 거리의 합은 곡선의 길이보다 짧다.

검은색 곡선 위를 걸으며 일정 거리마다 점을 찍어서 빨간 점선으로 표시된 점 사이의 거리를 다 더하면 실제 검은색 곡선보다 짧아집니다.

그렇다면 열 걸음이 아니라 한 걸음마다 막대기를 박으면 더 정확해지지 않을까요? 맞는 말입니다. 그렇지만 그것 또한 실제 길이보다는 짧겠죠. 더 작은 측정 간격을 위해 이제 개미에게 일을 시켜보겠습니다. 개미가 영국 해안선을 따라다니며 한 걸음에 한 개씩 막대기를 박는 것입니다. 그렇지만 현미경이나 돋보기로 보면 영국 해안선은 더 복잡할 것입니다. 따라서 개미로 잰 것도 완전히 정확하지는 않죠. 해안선 모래의 원자구조까지 생각한다면 문제는 산으로 갑니다.

이러한 문제는 보이지 않는 미세구조의 복잡성 때문에 생긴다고 볼 수도 있습니다. 예를 들어 겉으로 보기에는 일직선처럼 생겼지만 실은 지그재그일수도 있습니다. 수학에서는 완벽한 곡선을 정의하고 그 길이를 구할 수 있습니다만, 실제 세계에서 진짜 길이를 아는 것은 상당히 복잡한 일이죠.

개미의 이동 거리는 어떻게 잴까?

같은 문제가 개미의 경로를 재는 데에도 작용합니다. 개미의 이동 거리는 얼마일까요? 우리가 가지고 있는 정보는 30분의 1초에 한 번씩 찍힌 개미의 사진입니다. 예를 들어서 개미가 길을 가면서 방향을 틀었다고 해봅시다. 그렇다면 개미의 이동 거리는 얼마일까요? 어디를 기준으로 삼는지에 따라서 늘어나기도 했다가 줄어들 수도 있을 겁니다. 예컨대 머리를 기준으로 삼을 때와 배를 기준으로 삼을 때 개미의 이동 거리, 경로는 서로 다를 것입니다.

그렇다면 위에서 보았을 때 개미의 중심을 기준으로 잡읍시다. 중심이라 함은 개미가 만드는 면적의 질량중심 정도면 될 것 같습니다. 위에서 보이는 개미 모양으로 종이를 잘랐을 때, 질량중심을 손가락으로 받친다면 이론적으로 그 종이는 한쪽으로 넘어가지 않을 것입니다.

중심으로 매 프레임별 거리를 측정한다고 해도 여전히 문제는 존재합니다. 데이터가 띄엄띄엄 있기 때문에 개미가 가다가 방향을 튼다면 영국 해안선 길이 문제처럼 실제 거리보다 짧은 거리가 측정될 것입니다.

개미의 속력은 이동 거리를 이동 시간으로 나눈 값입니다. 이 때문에 개미의 이동 거리를 잘 알아야만 개미의 정확한 속력을 구할 수 있습니다. 그렇다면 누군가는 이렇게 말할지도 모릅니다. 초고속 카메라를 사용해서 30분의 1초가 아니라 0.0001초에 한 번씩 사진이 찍히도록 하면 더 정확한 거리를 구할 수 있지 않겠느냐고요. 음… 맞는 말이기는 한데, 완전히 맞지는 않습니다. 그 이유는 첫째, 여전히 개미 경로의 미세구조는 더 복잡할 수 있습니다. 둘째, 이런 방법을 사용하면 오차가 결과에 미치는 영향이 더 커집니다.

형이상학적인 수학 세계가 아니라 형이하학적인 실물 세계에 사는 우리로서는 오차를 피하는 것이 불가능합니다. 앞서 말한 추적 프로그램을 사용하더라도 오차는 발생할 수밖에 없습니다. 또한 개미의 행동 등에 의해 개미의 중심도 계속 흔들립니다. 대표적인 것이 그루밍(grooming)입니다. 개미는 때로 앞쪽 몸을 세우면서 더듬이를 닦아내는 행동을 하는데, 이 경우 위나 옆에서 본 개미의 모습은 달라집니다.([그림 4-2]) 우리가 측정한 개미의 중심도 움직이겠죠.

[그림 4-2] 개미가 그루밍을 하면 실제로 움직이지 않았는데도 개미의 중심은 이동하게 된다.

실제로 개미는 이동을 하지 않았지만 개미의 중심은 상당 거리를 이동해버렸습니다. 개미의 속력 측정에 상당한 오류가 생길 것입니다.

약간 수학적으로 접근해 보겠습니다. 매 프레임에서 개미 중심의 측정값과 실제 개미의 중심 사이에 어느 정도 오차가 있다고 해보죠. 큰 오차는 아니라서 보통 작은 수를 표현할 때 사용하는 입실론(ε)을 사용해서 표현하겠습니다. 즉 측정 위치를 $\hat{X}(t)$, 실제 위치를 $X(t)$라고 했을 때, $|\hat{X}(t)-X(t)|$의 평균값이 ε이라고 할 수 있을 것입니다. 매 측정마다 Δt만큼의 시간 차이가 있다고 해보죠.

연속된 두 측정에서 실제 두 점 사이의 거리를 d라고 한다면 관측 거리는 $d-2\varepsilon$에서 $d+2\varepsilon$가 될 것입니다. 속력 v는 d를 Δt로 나눠준 값이죠. 따라서 관측 속력은 $\dfrac{d}{\Delta t}-\dfrac{2\varepsilon}{\Delta t}$에서 $\dfrac{d}{\Delta t}+\dfrac{2\varepsilon}{\Delta t}$ 사이가 될 것입니다. Δt가 분모에 있기 때문에 Δt가 작을수록 $\dfrac{2\varepsilon}{\Delta t}$의 값도 커집니다. 다시 말해 추정값의 범위는 Δt가 작아질수록 커집니다. 우리가 함부로 Δt값을 정할 수 없는 이유입니다. 그렇다면 어떻게 해

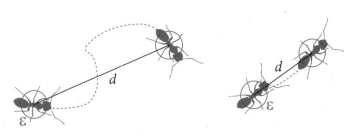

[그림 4-3] 측정 시간 간격은 관측값에 여러 영향을 미친다.

야 할까요? Δt를 크게 하면 실제 거리보다 짧아지고, Δt를 작게 하면 오차의 영향력이 커져서 이상한 결과가 나올 수 있습니다. 딱히 정답은 없습니다. 여러 값들을 넣어보면서 그저 적절한 Δt를 사용하는 수밖에요. 저는 Δt를 5프레임(6분의 1초)과 15프레임(2분의 1초)으로 사용했는데, 두 경우에 개미의 이동거리와 속력이 약간 다르게 나오는 것을 확인할 수 있었습니다. 제가 수행한 실험에서 Δt를 6분의 1초로 하면 움직이는 개미의 평균 속력이 99mm/sec이 나왔는데, Δt가 2분의 1초일 때는 90mm/sec로 나왔습니다.

곡률, 구심력, 각도의 변화

개미의 경로를 볼 때 어떤 점들이 궁금할까요? 저는 개미들이 얼마나 구불구불하게 가는지가 궁금했습니다. 예컨대 개미들은 먹이를 찾을 때 여기저기를 돌아다닐 텐데, 이 경우에는 아마 경로가 더 구불구불할 것 같았습니다. 반대로 먹이를 찾은 다음 집으로 돌아올 때에는 집까지 빨리 가기 위해 직선 경로를 택할 것 같았습니다. 저는 그런 구불구불함을 보기 위해 100분씩 총 39번의 실험을 했습니다.(실제로는 39번보다 실험을 더 많이 했습니다. 실험 도중 비가 오거나, 고양이나 까치가 실험판에 다가와서 실험을 방해하는 경우도 있었기 때문입니다.) 참치 먹이가 놓인 정사각형 판 위에서 개미들이 어떻게 움직이는지를 촬영했습니다. 촬영을 마친 후, 그냥 눈으로 봐서는 어떤 경로가 더 구불구불한 것 같다고 말하기는 어렵습니다. 우리에게는 숫자로 나타낼 수 있는 지표가 필요합니다. 저는 어떤 것이 그러한 지표가 될 수 있을지 고민했습니다.

가장 먼저 떠오른 지표는 접원의 반지름 길이였습니다. 꺾이거나 끊어지지 않은 매끈한 곡선이라면 어느 지점에서나 곡선과 접하는 원을 그릴 수 있는데, 곡선이 많이 휘어져 있을수록 접원의 반지름은 작아집니다. 따라서 1/(접원의 반지름)이 클수록 곡률이 크다고 말할 수 있습니다. 직선의 경우에는 접원의 반지름이 무한히 크기 때문에 1/(접원의 반지름) 값은 0이 되죠. 즉 직선에서 0이 되고 곡선이 휘어질수록 값이 커지는 곡률 지표를 얻을 수 있는 것입니다.

그렇지만 여기에는 두 가지 문제가 있었습니다. 첫째, 수학적으

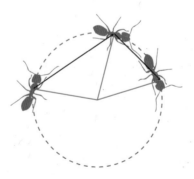

[그림 4-4] 개미의 경로에 접원을 그려 그 반지름의 역수로 곡률을 나타낼 수 있다.

로 잘 정의된 곡선이 아니라 띄엄띄엄한 점들 사이에서 경로를 구하는 것이기 때문에 접원을 어떻게 찾을지에 대한 문제가 있었습니다. 물론 점들을 부드럽게 잇는 방법이 있습니다. 수학적으로 이를 보간법이라고 하죠. 간격을 채운다는 뜻입니다. 그렇지만 보간법에는 여러 가지 방법이 있어서 어떤 방법을 사용하는지에 따라 보간곡선의 모양도 달라집니다.

두 번째는 개미의 속력이 고려되지 않는다는 점이었습니다. 같은 곡선 위라도 빨리 움직이는 개미와 천천히 움직이는 개미 사이에는 분명 차이가 있을 겁니다. 예를 들어서 1초에 30도씩 방향을 꺾는다고 했을 때, 느린 개미와 빠른 개미의 경로의 곡률은 상당히 차이가 날 것입니다. 보통은 날씨가 더울수록 개미의 속력이 빨라지기 때문에 전체 곡률에 기온이라는 원치 않는 변수가 들어가게 되죠.

제 머릿속에 떠오른 또 다른 지표는 구심력이었습니다. 구심력은 속력의 제곱을 회전원의 반지름으로 나눈 값이기 때문에 속력 차이에 의한 반지름의 변화를 보정할 수 있다고 생각했죠. 또 물리학에서 많이 쓰이는 개념이기 때문에 어느 정도 대표성을 가질 수 있을 것으로 생각했습니다.

분석에서 사용된 또 다른 지표는 각도의 변화였습니다. 개미가 움직이는 방향과 얼마간 시간이 흐른 후의 방향에 얼마만큼의 차이가 나는지를 보는 것이었죠. 이렇게 세 가지 지표를 가지고 저는

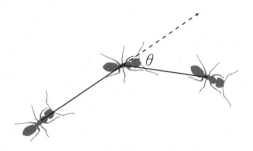

[그림 4-5] 매 측정마다 달라지는 이동 방향의 각도차를 통해 곡률을 구할 수 있다.

분석을 시작했습니다.

우선은 제가 어떻게 접원을 구했는지부터 살펴보도록 하겠습니다. 세 점이 있습니다. 그 점들을 *A*, *B*, *C*라고 해 보죠.([그림 4-6]) 그 세 점들은 각 프레임에서 개미가 있던 위치입니다. 두 점 사이의 거리가 0이 될 경우는 없습니다. 개미가 멈춰 있는 경우에는 분석을 하지 않았기 때문입니다.

서로 떨어져 있는 세 점으로 원을 만들 수 있는지를 먼저 살펴보죠. 세 점이 일직선으로 있다면 당연히 원을 만들 수 없기 때문에 이 경우는 제외하겠습니다. 서로 다른 위치에 있고, 직선 상의 위치에 있지 않다면 세 점으로 삼각형을 만들 수 있습니다. 삼각형이 있을 때 세 점을 지나는 원을 우리는 삼각형의 외접원이라고 부릅니다.

만일 외접원이 존재한다면 그 중심으로부터 A, B, C 사이의 거리는 같을 것입니다. 원은 중심으로부터 거리가 같은 점들의 집합

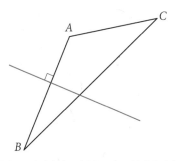

[그림 4-6] $\overline{AB}$의 수직이등분선 위에 있는 점들은 A와 B로부터의 거리가 같다.

이기 때문입니다. A, B, C도 그 원 위에 있을 테고요.

우선 A와 B부터 살펴보죠. 원의 중심이 있다면 A와 B로부터의 거리가 같을 것이기 때문에 원 중심의 후보군으로 하나의 선을 그릴 수 있습니다. 그 선은 A와 B로부터 거리가 같은 점들의 집합이죠. 그 점들은 A와 B를 잇는 선분의 수직 이등분선입니다. A와 C에 대해서도 같은 원리에 의해 중심의 후보군 직선을 그으면 수직 이등분선이 나옵니다.

$\overline{AB}$와 $\overline{AC}$는 평행하지 않기 때문에 두 개의 수직 이등분선 역시 서로 평행하지 않습니다. 2차원 상에서 평행하지 않은 두 직선은 한 점에서 만나기 마련이죠. 그 만나는 점을 O라고 하겠습니다.([그림 4-7]) O는 $\overline{AB}$의 수직 이등분선 위에 있으니 $\overline{OA}=\overline{OB}$입니다. 동시에 O는 $\overline{AC}$의 수직 이등분선 위에도 있으니 $\overline{OA}=\overline{OC}$입니다. 따라서 $\overline{OA}=\overline{OB}=\overline{OC}$, 즉 O가 삼각형 ABC의 외접원 중심이라는 것을

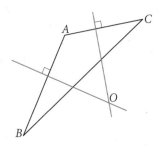

[그림 4-7] 두 수직이등분선의 교점 O로부터 A, B, C 사이의 거리는 같다.

알 수 있습니다. 직각이나 예각 삼각형에 대해서도 이런 식으로 외접원의 중심을 구할 수 있습니다.

이제 외접원 반지름의 크기를 구하면 됩니다. 조금 전과 같은 방법을 쓰면 어떨까요? 삼각형 ABC에서 두 변의 수직 이등분선을 그리고 그 교점에서 삼각형의 꼭짓점까지의 거리가 원의 반지름이 되겠죠. 코드를 짤 때도 두 변의 수직 이등분선을 그리고 그 교점을 구해도 되기는 하지만 한 가지 문제가 있습니다. 계산량이 너무 많다는 것이죠. 개미의 좌표 수는 수백만 개인데, 그 점들에 대해 저렇게 수직 이등분선을 각각 그리는 것은 계산 시간을 잡아먹는 굉장히 비효율적인 방법입니다.

어쨌든 외접원이 존재한다는 것은 알았으니, 다른 방법을 쓸 수 있을 것입니다. 이 상황에서 제가 사용한 방법이 사인법칙을 쓰는 것이었습니다. 삼각형의 한 각 A에 대해서 그 대변(A를 포함하지

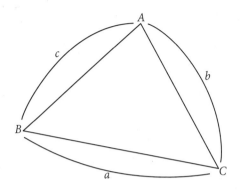

[그림 4-8] 삼각형 *ABC*의 외접원 반지름을 구하려면 *a*와 sin*A*를 알아내면 된다.

않은 변)의 길이를 *a*라고 했을 때 $a/\sin A = 2R$의 관계가 성립합니다.([그림 4-8]) 여기서 *R*은 외접원의 반지름이죠. *B*와 *C*의 좌푯값을 알고 있으니 *a*의 길이는 피타고라스의 원리를 쓰면 간단히 구할 수 있죠. 문제는 sin*A*였습니다.

저는 여기서 내적 공식을 사용했습니다. 먼저 두 벡터 $\overrightarrow{AB}$, $\overrightarrow{AC}$를 구했습니다. 편의상 각각의 벡터를 *b*, *c*라고 하죠. *A*, *B*, *C*의 좌표값을 이미 알고 있으니 *b*, *c* 벡터를 구하는 것이 그렇게 복잡한 일은 아닙니다. 이제 각 *A*의 코사인값은 다음과 같이 구해집니다.

$$\cos A = \frac{b * c}{|b||c|}$$

$|b|$와 $|c|$는 벡터 *b*와 *c*의 크기(절댓값)입니다. 피타고라스의 원리

를 통해 구할 수 있죠. $b*c$는 두 벡터의 내적인데, 각 성분을 곱한 뒤 다 더해주면 됩니다. 예컨대 $(3, 4)*(2,-1)=6-4=2$가 되는 식입니다.

사인과 코사인 사이에는 다음과 같은 관계가 있습니다.

$$\sin^2 A+\cos^2 A=1$$

그렇기 때문에 $\sin A$는 $\sqrt{1-\cos^2 A}$ 또는 $-\sqrt{1-\cos^2 A}$ 둘 중 하나입니다. 제곱을 하면 부호에 대한 정보가 사라지기 때문에 이렇게 불확실성이 생겨납니다. A는 삼각형의 한 변이기 때문에 0에서 180도 사이인데, 다행히도 그 범위에서 사인 함수는 양수입니다. 따라서 $\sin A$는 $\sqrt{1-\cos^2 A}$이라는 것을 알 수 있고 우리는 외접원의 반지름도 구할 수 있습니다. $R=\dfrac{a}{2\sin A}$ 가 되죠. 이 반지름의 역수가 우리가 찾던 곡률입니다. 개미들의 띄엄띄엄한 경로에 대해 곡률을 드디어 찾아냈습니다! 아까 말했던 다른 지표들인 각도의 변화와 구심력 또한 비슷한 방법을 써서 알아낼 수 있습니다.

그렇다면 이런 곡률이 어떤 의미가 있을까요? 저는 집에서 먹이를 향해 가는 개미들과 먹이에 도달한 후 집으로 가는 개미들의 곡률을 알아보았습니다. 그 결과 거의 모든 위치상의 곡률 지표들에 대해 먹이로 가는 개미들의 곡률이 더 컸습니다. 더 구불구불하다는 이야기지요. 반대로 집으로 돌아오는 개미들의 경로는 좀 더 직선에 가까웠습니다. 먹이를 찾으러 갈 때는 탐색을 하면서 동료들이 남긴 페로몬을 쫓아가느라 방향을 자주 트는 반면, 집으로 갈 때는 되도록 짧은 경로를 택하는 것 같습니다.

또한 개미 실험판의 중심부에 있는 개미들, 즉 먹이와 집을 왔다 갔다 하는 경로에 있는 개미들이 더 직선에 가깝게 움직였습니다. 먹이와 집을 잇는 경로가 아닌 주변부에 있던 개미들은 더 꼬불꼬불하게 움직였는데, 아무래도 먹이 나르기가 아니라 새로운 먹이를 찾고자 탐사하는 개미들이기 때문에 그런 식으로 움직이는 것 같습니다. 개미의 꼬불꼬불한 움직임이 새로운 먹이 탐사에 미치는 영향은 9장에서 컴퓨터 시뮬레이션을 통해 다시 다뤄보도록 하겠습니다.

5

개미의 내비게이션
꿀벌의 내비게이션

Mathematics *of* Ants

From trails to pheromones and social structures

대학원에 들어가고 얼마 되지 않은 때부터 캠퍼스 안에 있는 일본왕개미의 굴을 찾아야 했습니다. 그래야 그 군집 근처에서 실험을 할 수 있지요. 참고로 일본왕개미를 가지고 실험을 하는 이유는 우선 흔히 볼 수 있는 종이기 때문입니다. 곰개미와 주름개미도 캠퍼스에서 자주 보이지만 주름개미는 크기가 너무 작고, 곰개미는 너무 활발하고 공격적입니다. 마치 방정맞다고나 할까요? 그에 비해 일본왕개미는 크기도 크고 성격도 온순합니다.

캠퍼스를 여기저기 돌아다니다가 일본왕개미를 보면 그 친구들이 굴로 들어갈 때까지 따라가야 합니다. 이때 약간의 팁이 있습니다. 구불구불하게 움직이는 개미들보다 직선에 가깝게 움직이는 개미들을 관찰하는 것이 좋습니다. 그 개미들이 굴로 향하는 경우가 많거든요. 먹이까지 물고 있다면 거의 확실하지요.

그렇다면 한 가지 의문이 들기 마련입니다. 개미들이 직선으로 움직인다는 이야기는 굴이 어디 있는지를 잘 알고 있다는 뜻인데… 개미들은 어떻게 집으로 가는 방향을 찾아낼까요? 그것도 그 작은 뇌로 말이죠.

이번 장에서는 개미들이 길을 찾고 자신의 위치를 알아내는 다양한 방법들에 대해서 알아보려고 합니다. 물론 그러한 방법의 기저에는 수학이 자리 잡고 있죠. 비교를 위해서 먼저 인간의 내비게이션이 어떻게 작동하는지부터 알아보겠습니다.

내비게이션의 원리

내비게이션의 중요한 기능 중 하나는 정확한 위치 파악입니다. 인간의 경우에는 GPS(Global Positioning System)를 사용합니다. GPS의 원리는 간단합니다. GPS 위성은 자신의 위치와 현재 시각에 대한 정보를 지구를 향해 쏘아줍니다. 이 신호를 받는 GPS 수신기 안에는 정밀한 시계가 있어서 위성이 보낸 시각과 현재 시각 사이에 얼마만큼의 차이가 있는지를 비교합니다. 따라서 빛의 속도를 c, 시간 차이를 Δt라고 한다면 '거리는 속도 곱하기 시간' 식을 이용하여 위성과의 거리를 $c\Delta t$라고 쓸 수 있습니다.(여기서 Δt는 Δ에 t를 곱한 값이 아니라 그 두 문자가 합쳐져서 시간의 차이를 나타내는 표기입니다.)

우리는 인공위성의 위치를 알고 있어서 우리의 위치는 그 인공위성으로부터 $c\Delta t$만큼의 거리에 있다는 것을 알 수 있습니다. 즉 인공위성을 중심으로 반지름이 $c\Delta t$인 커다란 구를 그렸을 때 우리의 위치는 그 구의 표면 어느 한 곳인 것입니다. 다시 말해 어디 있는지 잘 모른다는 뜻이죠. 우리에게는 정보가 더 필요합니다.

얼마나 많은 GPS위성으로부터 신호를 받아야 정확한 위치를 알 수 있을까요? 수식으로 한번 접근해보겠습니다. GPS 수신기 위치의 x, y, z 좌표값을 (x_0, y_0, z_0)라고 합시다. 한편, 인공위성 1번의 위치는 (x_1, y_1, z_1)입니다. 수신기와 위성 사이에는 다음과 같은 관계가 있습니다.

$$(x_0-x_1)^2+(y_0-y_1)^2+(z_0-z_1)^2=(c\Delta t)^2 \quad \cdots \quad (1)$$

이 식은 피타고라스 원리로부터 나온 것입니다. 수신기와 인공위성 사이의 거리는 $c\Delta t$입니다. 앞서 말했듯 인공위성에서 반지름이 $c\Delta t$인 구를 그렸을 때 수신기는 그 구 위의 한 점에 있을 것입니다. 즉 중심이 인공위성 1번이고 반지름이 $c\Delta t$인 구의 표면은 수신기가 존재할 수 있는 후보군입니다. 다른 값들과의 비교를 위해 1번 위성과의 시간 차이 Δt를 Δt_1이라고 명명하겠습니다.

우리가 구하고 싶은 것은 (x_0, y_0, z_0)이고 알고 있는 것은 (x_1, y_1, z_1)과 $c\Delta t_1$입니다. 또 그들 사이에 (1)의 관계가 있다는 것을 알고 있죠. 구할 것이 x_0, y_0, z_0, 총 3가지나 있는데, 이 정도 정보로는 턱도 없습니다. 다른 GPS 위성으로부터도 신호를 받아야 하지요. 적어도 4개의 서로 다른 위성으로부터 시간과 위치를 받아야 (x_0, y_0, z_0)값을 알 수 있습니다. 수학적으로 표현하자면 다음의 네 방정식을 풀면 (x_0, y_0, z_0)를 구할 수 있습니다.

$$(x_0-x_1)^2+(y_0-y_1)^2+(z_0-z_1)^2=(c\Delta t_1)^2 \cdots (1)$$

$$(x_0-x_2)^2+(y_0-y_2)^2+(z_0-z_2)^2=(c\Delta t_2)^2 \cdots (2)$$

$$(x_0-x_3)^2+(y_0-y_3)^2+(z_0-z_3)^2=(c\Delta t_3)^2 \cdots (3)$$

$$(x_0-x_4)^2+(y_0-y_4)^2+(z_0-z_4)^2=(c\Delta t_4)^2 \cdots (4)$$

(x_i, y_i, z_i)는 i번째 인공위성의 위치입니다. (1)번 식을 통해 구 위의 한 표면에 수신기가 있다는 것을 알 수 있습니다. (2)번 식을 통해 또 다른 후보군의 구 표면을 그릴 수 있죠. 그렇게 되면 (1)과 (2) 양쪽 모두에 속해 있는 원을 그릴 수가 있습니다.[1] 그 원은 [그림 5-1]에서 빨간 선으로 표시되어 있습니다. 수신기는 그

---

[1] 구(球, sphere)와 원(圓, circle)을 잘 구분하기 바랍니다. 둘 다 중심으로부터 거리가 같은 점의 집합인데, 구는 3차원이고 원은 2차원입니다.

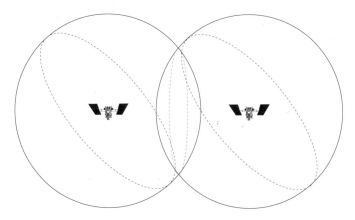

[그림 5-1] 두 인공위성으로부터 신호를 받으면 수신기의 위치 후보군은 원으로 한정된다.

원 위 어딘가에 있겠죠.

(3)번 식까지 써서 또 다른 후보군의 구를 그려 또 후보를 추리면 이제 후보군의 점은 2개로 줄어듭니다. 마지막 (4)번 식까지 쓰면 최종적으로 한 점이 남습니다.

미지수가 3개인 일반적인 일차식이라면 3개의 서로 다른 식만 있다면 미지수를 모두 구할 수 있습니다. 그렇지만 우리가 구할 식에는 제곱이 포함되어 있기 때문에 좀 더 많은 정보가 필요합니다. 제곱하면 음수든 양수든 모두 양수가 되기 때문에 일종의 정보 손실이 일어납니다.

물론 이것은 이론적인 이야기고요, 실제로는 오차요인이 있기 때문에 더 많은 위성으로부터 신호를 받으면 더 정확하게 위치를 알 수 있습니다. 물론 오차가 없다면 4개로 충분하죠.

경로 적분

인간의 뇌에도 내비게이션 기능을 하는 부분이 있습니다. 해마에 있는 격자세포와 위치세포가 그것들입니다. 격자세포가 발화되는 양상을 보면 마치 가상의 격자 바닥 위를 걷다가 특정 격자의 중심에 오면 신호가 발생하는 것 같습니다. 위치세포는 특정 위치에 갔을 때만 발화됩니다. 격자세포와 위치세포가 파괴된 쥐들은 공간관련 문제를 잘 해결하지 못합니다. 이 두 가지 세포가 공간 지각력에 중요한 역할을 한다는 것을 알 수 있죠. 또한 안쪽 귀, 즉 내이에는 전정기관과 반고리관이 있어 자신이 얼마나 기울어져 있고, 어느 방향으로 회전하고 있는지 알려줍니다.

이런 정보들을 통해 자신이 어느 방향으로 얼마만큼 가는지를 알 수 있습니다. 방향과 이동 거리를 가지고 벡터를 만들어 보죠. 시작점에서부터 움직이면서 움직이는 동안의 방향과 거리를 나타내는 벡터를 모두 더해나가면 하나의 벡터가 나오는데, 이것이 바로 시작점에서 현재 위치를 잇는 벡터입니다.([그림 5-2]) 인간과 여러 동물의 뇌에서도 이러한 벡터 계산을 하는데요, 이것을 우리는 경로 적분(path integration)이라고 부릅니다.

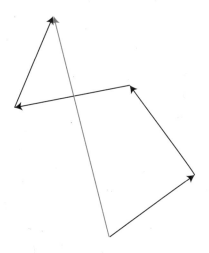

[그림 5-2] 이동 거리와 방향으로 벡터를 만든 뒤 모두 더하면 시작점에서 현재 위치를 잇는 하나의 벡터가 나온다.

개미들의 경로 적분에 대해서 조금 더 알아보겠습니다. 경로 적분을 하는 방법으로는 두 가지가 가능합니다. 먼저 머릿속에 지도를 그리고, 경로 적분을 통해 자신이 어디에 있는지 그 좌표를 유추할 수 있습니다. 예를 들어 동쪽으로 3미터를 움직이고 북쪽으로 4미터를 움직였다면 출발점에서 동북쪽 방향으로 5미터에 있다는 것을 알 수 있겠죠. 실제로 개미들이 이런 식으로 자신의 절대적인 위치를 안다는 실험 결과가 있습니다. 사막 개미(*Cataglyphis fortis*)의 경우, 집에서 나온 후 꼬불꼬불하게 움직이더라도 집으로 돌아갈 때는 직선 경로를 따라 이동합니다.([그림 5-3]) 군집에 대한 자

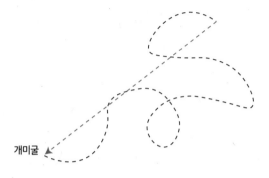

[그림 5-3] 어떤 개미들은 복잡한 경로로 돌아다니다 집에 갈 때는 똑바른 경로로 갈 수 있다.

신의 위치를 알고 있다는 뜻이죠.

이러한 정보를 얻기 위해서는 몇 가지를 알아야 합니다. 첫째는 자신이 어느 방향으로 움직이는지를 아는 것입니다. 개미들은 태양 빛, 커다란 지형지물 등을 이용하여 자신의 방향을 인지할 수 있다고 합니다. 둘째로 자신이 특정 방향으로 얼마나 이동했는지를 알아야 합니다. 연구 결과에 따르면, 개미들은 자신의 발걸음을 셀 수 있습 니다. 그렇기 때문에 개미굴을 나와 목적지에 도착한 개미의 발에 부목을 덧대어 다리 길이를 늘리면, 개미는 돌아오다가 자신의 굴 을 지나쳐버린다고 합니다. 집에서 나올 때와 같은 수의 걸음만큼 걸었는데, 다리가 길어져 실제 이동 거리가 더 늘어났기 때문이죠. 마지막으로 거리와 방향값을 모두 더해서 자신의 위치가 어딘지 계 산할 수 있어야 합니다. 매우 작은 뇌를 가진 개미가 이런 계산을 한다는 것이 놀라울 따름입니다.

그렇다고 사막에 사는 모든 개미가 이러한 전략을 쓰는 것은 아닙니다. 때로는 경로 적분이 아니라 자신이 집에서 나올 때 움직였던 길과 반대로 움직여서 집으로 돌아가는 방법을 쓰기도 합니다. 마치 그리스 로마 신화에 나오는 아리아드네가 붉은 실을 미궁의 입구부터 풀면서 이동한 뒤 다시 그 실을 따라 나오는 것처럼 말이죠. 즉, 동쪽으로 10미터, 북쪽으로 20미터를 움직였다면, 돌아올 때는 남쪽으로 20미터를 움직인 뒤 서쪽으로 10미터를 움직이는 식입니다.

이와 관련하여 사막에 사는 꿀단지개미에 대한 재미있는 실험 결과가 있습니다. 웨너(R. Wehner) 등의 연구진은 집에서 출발하여 먹이에 간 뒤 다른 길로 돌아오는 개미들의 경로를 관찰했습니다.([그림 5-4]) 집으로 돌아오는 길을 3/4쯤 지났을 때 개미를 집어 먹이로 가던 길에 놓아보았습니다. 그러자 개미는 원래 돌아가

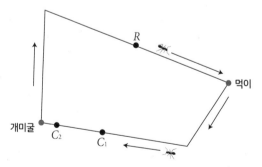

[그림 5-4] 꿀단지개미를 이용한 실험. 출처: 웨너 등(2008)에서 변용시킨 것임.

던 길에서 가던 방향으로 움직였습니다. 즉 C_1에서 잡은 개미를 R에 놓았더니 마치 C_1에서 C_2 방향으로 가는 것처럼 움직였다는 뜻입니다. 말하자면 개미는 아마 이런 규칙을 따르고 있었을 것 같습니다. '① 남쪽으로 20걸음 간 다음에, ② 서쪽으로 100걸음을 가야지.' 개미가 남쪽으로 20걸음 걸은 다음에 누군가가 집어 다른 곳에 옮겨놓아도, 개미는 다음 규칙인 서쪽으로 100걸음을 걷는 것입니다.

C_2에 있는 개미, 즉 집에 거의 다 온 개미를 집어 R에 놓으면 개미는 마치 처음 온 곳에 다다른 것처럼 여기저기 돌아다닙니다. 원래 계산대로라면 집 근처에 와야 했는데, 있어야 하는 개미굴이 없으니 이리저리 돌아다니는 것입니다.

연구자들은 C_1에 있는 개미를 벡터 개미, C_2에 있는 개미를 영벡터 개미라고 불렀습니다. C_1에 있는 개미는 자신을 이끄는 벡터가 있는데, C_2에 있는 개미는 이미 길을 다 와버려서 자신을 이끄는 벡터가 없는 것입니다. 벡터 개미는 어디서든 자신의 집을 향하는 벡터가 아니라, 매번 달라지는 벡터의 영향을 받습니다. 이처럼 개미는 여러 가지 방법을 이용해서 자신의 길을 찾아 나갑니다.

꿀벌의 8자춤

개미의 내비게이션 이야기를 하는데 꿀벌의 8자춤(waggle dance)

과 시각 흐름(optic flow)을 통한 거리 조절을 빼놓기가 심적으로 매우 어렵군요. 개미에 관한 책에서 웬 꿀벌이 나오느냐고 물어볼 수 있겠습니다만, 사실 벌과 개미는 매우 가까운 친척이랍니다. 개미와 벌 모두 벌목(Hymenoptera)에 속합니다. 모두 여왕이 있고, 일개미와 일벌이 있으며 이들은 모두 암컷입니다. 개미와 벌은 진사회성이라고 해서 공동 육아를 하고, 계급에 따라 역할이 달라지며, 집단을 위해 희생하는 성질을 보입니다. 물론 벌목이라고 해서 모두 진사회성을 보이는 것은 아니고, 벌목이 아닌 종에서도 진사회성이 나타나기는 하지만, 벌목에서 진사회성이 자주 관찰되는 것은 맞습니다. 진사회성에 대한 수학적 논의는 뒤쪽 장에서 자세히 다루겠습니다.

우선 좌표계에 대해서 좀 알아보겠습니다. 2차원, 즉 평면 위의 점을 나타내는 방법에는 여러 가지가 있습니다. 가장 유명한 것이 (x, y)로 나타내는 것이죠. x축 성분이 얼마나 있고, y축 성분이 얼마나 있는지를 두 가지 요소로 나타낸 것이죠. 이 좌표계를 카테시안 좌표계라고 부릅니다.

반면에 극좌표계에서는 (x, y)가 아니라 원점에서의 거리 r과 기준축에 대하여 얼마나 회전하였는지를 가지고 좌표를 나타낼 수 있습니다. 예를 들어 $(5, \pi/3)$는 기준점에서 반시계방향으로 $\pi/3$만큼 돌아

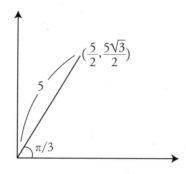

[그림 5-5] 극좌표계와 카테시안 좌표계

간 방향으로 5만큼 간 거리입니다.[2] 카테시안 좌표계로는 $\left(\dfrac{5}{2}, \dfrac{5\sqrt{3}}{2}\right)$ 이지요.([그림 5-5])

벌들은 카테시안 좌표계보다는 극좌표를 사용하여 정보를 전달합니다.

탐색을 나간 벌이 훌륭한 먹이원을 발견했다고 하죠. 돌아온 벌은 먹이원에 대한 위치 정보를 다른 벌들에게 전달하고 싶습니다. 높이는 고려하지 않은 2차원 평면 상에서 점을 하나 찍어 그 점에 대한 정보를 전달하는 것과 같은 문제이지요. 카테시안 좌표계를 쓰든, 극좌표를 사용하든 2차원 상에 정확한 점을 찍기 위해서는 2가

2 여기서 π/3는 도가 아니라 라디안이라는 점에 주의해야 합니다. 라디안을 쓰는 이유는 그것이 무차원의 수라서 더 편하기 때문입니다. 간단하게 설명하자면 길이에 라디안으로 된 각을 곱해주면 새로운 길이가 나옵니다. 도는 그럴 수 없죠. 이런 점들 때문에 수학이나 과학에서는 보통 라디안 단위를 많이 사용합니다.

지 정보가 필요합니다. 카테시안 좌표계에서는 x와 y좌표를, 극좌표계에서는 각과 거리를 전달해야 하지요. 어떤 좌표계를 쓰든 최소한 2가지의 요소는 전달해야 합니다. 이것은 대수학(algebra)의 원리에 의해 증명 가능합니다.

대수학의 원리는 벌에게도 예외는 아닙니다. 벌은 2차원 상에서의 정보를 전달하기 위해 적어도 2가지의 요소를 전달해야 하죠. 다만 그 형식은 벌이 결정할 수 있는데, 벌들은 극좌표계를 선택했습니다. 아마 벌들에게는 이 방법이 유용할 것입니다. 날아갈 방향을 정한 다음에 그 방향으로 정해진 거리만큼 쭉 날아가기만 하면 되니까요.

우리가 x축을 극좌표계의 기준선으로 삼듯 벌들에게도 기준선으로 삼을 무언가가 필요합니다. 아무래도 모든 벌들에게 공통적인 무언가가 있으면 좋을 것 같군요. 한 가지 떠오르는 것은 중력입니다. 중력은 늘 아래쪽을 향하기 때문에 기준으로서 좋은 조건을 갖추었습니다. 다만 한 가지 치명적인 단점이 있는데, 우리가 원하는 2차원 평면과 수직이라는 점입니다. 우리는 지표 어딘가에 있는 먹이의 위치를 원하는데, 중력은 안타깝게도 (평지의) 지표면과 늘 수직입니다. 우리에게 필요한 것은 지표면과 나란한 방향의 기준선입니다. 그래야만 하나의 각과 거리를 가지고 지표면 상에서의 위치를 찍어낼 수 있죠.

태양도 하나의 기준선이 될 수 있을 것 같습니다. 지표면에 나무

막대기를 하나 꽂아놓으면 그림자가 생길 것입니다. 그 그림자 혹은 그 그림자의 반대방향을 기준선으로 삼으면 중력과 달리 적절한 기준선으로 쓸 수 있습니다. 문제는 중력과 다르게 태양은 시시각각 그 방향이 변한다는 것입니다. 그래서 지표면 상의 점을 표현하는 데는 유용하지만, 태양을 기준선으로 삼은 정보는 시간이 지나면 부정확해질 것입니다. 중력과 태양은 기준선으로서 일장일단(一長一短)이 있군요. 신기하게도 벌들은 이 두 가지 기준선을 이용해 정보를 전달합니다.

벌들은 8자춤을 추는데요, 이 춤은 두 가지 요소로 구성되어 있습니다. 우선 일직선 상을 따라 몸을 흔들면서 움직입니다. 몸을 흔

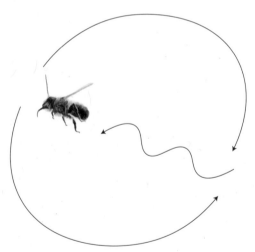

[그림 5-6] 꿀벌의 8자춤

들면서 움직인 다음에는 다시 원래 지점으로 돌아갑니다. 돌아갈 때는 온 길을 따라 돌아가지 않고 옆쪽으로 돌아서 갑니다. 그러고는 다시 몸을 흔들면서 움직입니다. 이번에 돌아갈 때는 이전과 반대편 쪽으로 돌아서 갑니다. 그렇게 하면 8자 모양과 비슷하게 되지요.

이 8자춤에는 두 가지 의미가 있습니다. 하나는 먹이원까지의 거리고, 하나는 먹이원까지의 방향입니다.

여기서 벌들은 중력의 반대방향을 기준선으로 삼습니다. 그 기준선에 대해 30도 방향으로 몸을 흔든다고 해봅시다. 아, 기준선에 대해 시계방향으로 30도입니다. 매번 몸을 흔드는 지속 시간은 5초입니다. 그렇다면 먹이는 어디에 있다는 뜻일까요?

태양의 방향을 기준으로 삼았을 때, 시계방향으로 30도만큼 튼 곳으로 5㎞를 날아가면 먹이가 있을 겁니다. 꿀벌이 몸을 흔드는 방향은 먹이의 방향, 몸을 흔드는 지속 시간은 거리를 나타냅니다. 흔드는 시간이 1초 늘어날 때마다 거리도 1㎞가 늘어난다고 알려져 있습니다.

다른 예를 들어볼까요? 만약 중력 방향, 그러니까 아래쪽으로 몸을 흔들면서 3초간 춤을 춘다면 먹이는 어디에 있는 것일까요? 먹이는 태양의 반대방향으로 3㎞ 떨어진 곳에 있을 것입니다. 북반구에 있는 우리나라에서 벌들이 정오에 이런 춤을 춘다면, 먹이는 북쪽에 있다는 것을 알 수 있습니다. 태양이 남쪽에 있으니까요. 카를

폰 프리슈(Karl von Frisch)는 이러한 꿀벌의 소통 원리를 발견하여
노벨상을 받았습니다.

시각 흐름을 통한 거리 조절

말이 나온 김에 벌이 자신의 위치를 아는 또 다른 방법을 살펴보
겠습니다. 벌들은 양쪽에 벽이 있을 때 길의 가운데로 날아가려는
성질이 있습니다. 아마 그렇게 나는 것이 벽에 부딪히는 것을 피하
거나, 좁은 틈 사이를 지나가는 방법인 것 같습니다. 그렇다면 벌들
은 자신이 양쪽 벽으로부터 같은 거리에 있다는 것을 어떻게 알아
낼 수 있는 것일까요?

[그림 5-7]처럼 빨간색으로 표시된 호(arc)를 생각해봅시다. 호
의 길이는 반지름 r이 크고 중심각 θ가 클수록 더 길어집니다. 반
지름 r에도 정비례하고, 중심각 θ에도 정비례할 테니 호의 길이 l은
어떠한 비례상수 k에 대해 $l=kr\theta$라고 쓸 수 있겠군요.

[그림 5-7] 호의 길이는 반지름과 중심각에 비례한다.

앞선 주석에서 각을 라디안 단위로 쓰면 편리한 점이 많다고 했습니다. 바로 이런 점이 편리한 점인데요, θ가 라디안 단위라면 k는 1입니다. 따라서 $l=r\theta$라고 간단하게 쓸 수 있죠. 라디안의 단위가 무차원이기 때문에 이런 편리함이 생기는 것입니다. 이번에는 현을 살펴보도록 하겠습니다.

[그림 5-8] 중심각이 작고 반지름이 길수록 호와 현의 길이는 비슷해진다.

시작점과 끝점을 잇는 현의 길이([그림 5-8]에서 파란색으로 표시)는 호의 길이와 어떤 관계가 있을까요?

굳이 수학적으로 증명하지 않더라도 θ가 작다면 호와 현의 길이가 거의 비슷해진다는 것을 유추할 수 있습니다. 그렇기 때문에 이런 경우에 호의 길이를 그냥 현의 길이라고 생각해도 큰 무리는 없습니다. 따라서 앞서 말한 호의 길이 l은 그냥 현의 길이라고 봐도 됩니다.

지금은 가만히 있는 길이 l을 보았는데, 이제 움직이는 물체에 대해 그 속도를 구해보겠습니다. 짧은 시간 Δt 동안 어떤 r만큼 떨어진 곳에 있는 물체가 관측자를 기준으로 수평 방향으로 l만큼 움직였습니다. 그렇다면 관측자의 눈에는 θ의 각만큼 움직인 것처럼 보이겠군요. 물체의 속력 v는 l을 Δt로 나눈 값입니다. 근데 우리는 l이 $r\theta$인 것을 알고 있죠. 수평 방향으로 움직였으니 r은 거의 변하지 않았다고 봐도 무방합니다. 변화하는 것은 우리가 관찰하는 각도 θ이지요. θ를 Δt로 나눠준 값은 각속도 ω라고 씁니다. 우리 눈에 비친 물체의 시간당 각변화량입니다. 따라서 움직이는 물체의 속력 $v=r\omega$라고 쓸 수 있습니다. 물체까지의 거리와 각속력의 곱이라고 표현하는 것이죠.

인간도 그렇고 별도 그렇고 3차원 세상을 2차원의 이미지로 받아들이기 때문에 물체와의 거리를 정확히 아는 것은 쉽지 않습니다. 우리 눈에 들어오는 것은 물체의 3차원상 위치가 아니라 물체까지의 각도입니다. 물체의 진짜 속력과 눈에 들어오는 각도의 차이를 구분하는 것은 상당히 복잡한 일이기도 합니다.

한번 예를 들어보겠습니다. 기차를 타다 보면 멀리 있는 물체는 천천히 움직이는 것처럼 보이고, 가까이 있는 물체는 빨리 움직이는 것처럼 보입니다. 배경이 움직이지 않는 이상 멀리 있는 물체나 가까이 있는 물체나 그들이 상대적으로 움직이는 속력은 기차의 속력과 같습니다. 다만 그들과의 거리가 다르죠. $v=r\omega$에서 v는 일정하게 유지되어야 하는데, r이 다르다면 ω가 차이나겠죠. 따라서 기차에서 10미터 떨어져 있는 물체의 눈에 비치는 각도가 1초에 0.1 라디안씩 변한다면, 100미터 떨어져 있는 물체는 1초에 0.01라디안씩 변할 것입니다. 그렇기 때문에 우리가 보기에는 더 천천히 움직이는 것처럼 보이죠. 비슷한 사례로 눈앞에서 손가락을 흔들면 그 속력이 굉장히 느린데도 우리 눈에 비친 각도 변화가 엄청나죠.

이제 벌의 입장에서 바라보도록 하겠습니다. 배경이 정지해 있다면 왼쪽 벽이나 오른쪽 벽이나 움직이는 상대 속력은 벌의 속력과 같을 것입니다. 왼쪽 벽의 상대 속력을 v_1, 오른쪽 벽의 속력을 v_2라고 합시다. 이와 마찬가지로 왼쪽 벽에 있는 무늬가 움직이는 각속도를 ω_1, 왼쪽 벽까지의 거리를 r_1이라고 합시다. 오른쪽 벽 무늬의 각속도는 ω_2, 거리는 r_2입니다.

$v_1=r_1\omega_1$, $v_2=r_2\omega_2$의 관계가 성립하겠군요. 여기서 v_1과 v_2는 같아야 하니까 $r_1\omega_1=r_2\omega_2$가 성립해야 합니다. r_1, r_2가 같기 위해서는 ω_1, ω_2가 같으면 되겠군요! 다행히도 ω_1, ω_2는 눈으로 관찰이 가능합니다. 따라서 왼쪽 벽과 오른쪽 벽에 있는 무늬들이 눈에서 움직이는 각도 변화가 같다면 양쪽 벽과의 거리가 같다고 할 수 있을 것입니다. 실제로 벌들도 이런 원리를 사용해 거리를 조절하는 것이 아닐까요? 이런 가설이 과연 진짜일까요?

가설은 예측을 만들어낼 때 눈부시게 빛난답니다. 벌들이 벽에 있는 무늬의 흐름을 통해 벽으로부터의 거리를 유추한다는 가설을

[그림 5-9] 한쪽 벽이 벌과 같은 방향으로 움직이면 벌은 그 벽에 더 가깝게 난다.

세웠습니다. 그렇다면 어떻게 해야 그 가설을 확실하게 증명할 수 있을까요? 스리니바산(M. Srinivasan) 등의 연구진은 벽에 세로줄무늬를 긋고 나서 꿀벌이 벽 사이를 통과하게 했습니다. 꿀벌은 늘 그렇듯 양쪽 벽의 중간 경로로 날아갔죠.

이번에는 한쪽 벽(편의상 왼쪽 벽이라고 합시다)이 꿀벌의 진행 방향과 같은 방향으로 움직이게 했습니다. 이 때문에 꿀벌이 보기에 그 벽에 있는 무늬는 실제보다 좀 더 느리게 움직이는 것처럼 인식됩니다. 가설이 옳다면 벌은 어느 쪽 벽에 가깝게 움직일까요?

벌은 배경이 움직일 것이라고는 꿈에도 생각하지 못할 것이기 때문에 늘 그렇듯 ω_1과 ω_2를 같게 하려는 쪽으로 날아갈 것입니다. 왼쪽 벽의 무늬에 대한 상대적 각속력이 줄어들기 때문에 벌은 '저쪽의 각속력이 더 작네. 더 가까이 날아서 오른쪽과의 밸런스를 맞춰야지'라고 생각할 것입니다.(하하, 진짜 벌이 그렇게 생각한다는 뜻은 아닙니다.) 벌이 왼쪽 벽에 가까이 날면 오른쪽 벽의 각속력은 작아지고 왼쪽 벽의 각속력은 더 커질 것입니다. 손가락을 눈앞에서 흔들면 그 각도 변화가 더 큰 것과 같은 원리입니다. 실제로 벌은 왼쪽 벽에 더 가까이 날게 됩니다.

반대로 왼쪽 벽이 벌의 진행 방향과 반대로 움직인다면 어떨까요? 벌이 보기에 왼쪽 벽의 각속도는 매우 클 것입니다. 그렇다면 멀어져야겠죠! 벌은 이번에는 오른쪽 벽에 가깝게 납니다. 따라서 각속력을 이용해서 거리를 조절한다는 가설은 확실하게 증명이 되겠군요.

우리는 개미와 그 친척인 벌이 어떻게 길을 찾고 나아가는지에 대해 알아보았습니다. 그 작은 뇌를 가지고 개미와 벌들은 상당히 정확하고 유용한 내비게이션을 사용합니다. 인간이 아무리 정교한 기계를 만들어도 아직까지는 개미나 벌만큼 작으면서 그들만큼 다양한 기능을 수행하게 할 수는 없습니다. 우리는 개미와 벌들로부터 배울 점이 많은 것 같습니다.

6

페로몬으로
소통하기

Mathematics *of* Ants

From trails to pheromones and social structures

먹이를 찾고 집으로 돌아가는 개미를 관찰하신 적이 있으신가요? 우선 그들의 경로는 앞선 5장에서 말한 것처럼 좀 더 직선에 가까울 겁니다. 조금 더 가까이 다가가서 관찰하면 집으로 돌아가는 어떤 개미들이 배를 땅에 대고 있는 모습을 볼 수 있습니다. 바로 개미들이 땅에 페로몬을 바르는 행동입니다. 페로몬을 땅에 묻히면 다른 개미들이 그 페로몬을 따라 먹이에 다다를 수 있죠.

개미들이 항상 같은 종류의 페로몬을 묻히지는 않습니다. 누군가 흘린 사탕 조각처럼 금방 없어질 경로에는 반감기가 짧은 페로몬을 뿌립니다. 반감기가 짧다는 뜻은 그만큼 더 금방 증발된다는 뜻입니다. 반면 나무에서 단 즙이 지속적으로 나오는 곳이라면 반감기가 긴 페로몬을 묻힙니다.

땅에 묻은 페로몬은 시간이 지날수록 증발하게 되는데, 사막개미

같은 경우에는 워낙 더운 곳에서 살기 때문에 페로몬이 빨리 증발하여 페로몬을 효과적으로 쓸 수 없습니다. 반면 우리나라에 사는 개미들은 그런 걱정을 덜 해도 되겠죠. 페로몬 역시 여타의 증발하는 물질들처럼 어떠한 수학적인 관계에 따라 증발하는데, 우선 페로몬이 증발하는 과정에 대해 알아본 뒤, 페로몬과 관련된 여러 수학적인 원리들을 알아보겠습니다.

페로몬의 증발

페로몬이 증발하는 과정을 생각해보겠습니다. 페로몬이 많이 뿌려져 있을수록 그만큼 증발하는 페로몬도 많을 것입니다. 페로몬이 점점 증발해서 그 양이 줄어든다면, 그만큼 그 순간에 증발하는 페로몬도 줄어들겠죠. 이런 점을 고려해서 모델을 만들어보겠습니다. 총 N개의 페로몬 분자가 있을 때, 시간당 줄어드는 페로몬 분자의 수는 페로몬 분자의 수 곱하기 어떠한 상수일 것입니다. 즉 다음과 같은 식을 쓸 수 있죠.

$$\frac{dN}{dt} = -kN$$

여기서 dN/dt은 시간당 변하는 N입니다. 수학적으로 이야기하자면 N을 시간에 대해 미분한 값입니다. 예를 들어서 dN/dt가 −10/초라면 1초에 N이 10씩 줄어든다는 뜻입니다. k는 감쇠율(decay rate)로서, k가 클수록 N이 더 빨리 줄어드는 구조입니다.

dN/dt라는 미분이 등장하기 때문에 위 식은 미분방정식이라고 불립니다. 미분방정식을 푼다는 것은 미분 형식을 없애고 N과 t 사이의 관계를 구하는 것이지요. 즉 N을 설명하는 어떠한 식을 구하는데, 그 식을 t에 대해 미분하면 $-kN$이 되는 그런 식을 구하는 것입니다. 미분 방정식을 풀 때에는 모든 경우에 쓸 수 있는 정형화된 풀이법이 없기 때문에 약간의 찍기 실력이 필요합니다.

식의 구조를 살펴보면, N을 시간에 대해 미분하니 자기 자신에 $-k$를 곱한 값이 나왔습니다. 이 관계는 N값에 관계 없이 항상 성립해야 하죠. 여러분이 알고 있는 함수 중에서 이런 성질을 만족하는 것이 있나요? 예를 들어 N이 ax^2+bx+c처럼 항의 개수가 유한한 다항함수라면, 미분했을 때 $2ax+b$가 될 텐데, 애당초 최고차 항이 달라지기 때문에 둘이 같다고 할 수 없습니다. 즉 ax^2의 차수는 2인데, $2ax$의 차수는 1이기 때문에 두 식은 x에 관계없이 같을 수가 없죠.(a, b, c가 0인 경우를 제외하고 말이죠. 이 경우에 식은 x값과 관계없이 항상 0이 됩니다.)

이번에는 지수함수를 생각해봅시다. 지수함수 e^{at}를 미분하면 ae^{at}가 됩니다. 와우! 미분하기 전 식에 상수만 붙은 꼴이네요! 만일 N을

e^{-kt}라고 한다면 $dN/dt = -kN$의 관계가 성립합니다. 그렇다면 우리는 미분방정식의 해를 구한 것일까요? 사실, 이렇게 약간의 찍기를 사용해서 미분방정식을 만족하는 어떤 식을 구한 다음에는 흥분된 마음을 억누르고 차가운 이성을 한 번 더 가동해야 합니다. 우리의 이성이 답할 질문은 다음과 같죠.

'이게 과연 유일한 해일까?'

e^{-kt}는 미분방정식을 만족하지만 이 앞에 또 다른 상수가 붙은 Ae^{-kt} 역시 미분방정식을 만족시킵니다. 이 때문에 이런 A까지 구해야만 미분방정식을 완전하게 풀었다고 볼 수 있죠.

우선 N이 Ae^{-kt}의 형태를 가졌다고 해보죠. 그렇다면 이제 무시무시한 미분 형태를 떼어내 버릴 수 있습니다. 즉, 다음과 같이 쓸 수 있습니다.

$$N(t) = Ae^{-kt}$$

$N(t)$는 N이 시간(t)에 의해 영향을 받는 함수라는 뜻입니다. 여기서 A와 k는 우리가 구해야 하는 미지수입니다. 미지수가 두 가지라 조금 복잡한데요, 우선 $t=0$으로 잡아서 k의 효과를 없애보죠. 그렇다면, $N(0)=A$라는 간단한 식이 나옵니다. 즉 A는 $t=0$일 때의 N값이죠. 이 값을 N_0라고 합시다. 이제 측정을 통해 초기값 N_0

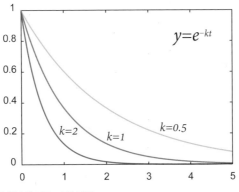

$$y=e^{-kt}$$

$k=2$ $k=1$ $k=0.5$

[그림 6-1] 감쇠율 k에 따른 e^{-kt}의 개형

와 감쇠율 k의 값을 구하면 완전한 식을 얻을 수 있습니다. N_0와 k는 측정을 통해서 구해야 하는데요, 감쇠율 k 같은 경우 어떤 표면 위에 페로몬이 묻는지, 온도는 얼마나 높은지에 따라 달라집니다. 사막 같은 경우에는 온도가 높다 보니 k가 매우 커서 페로몬이 금방 날아갑니다.

이번에는 반감기에 대해서 알아보겠습니다. 감쇠율 k는 얼마나 빨리 물질이 사라지는지를 알려주는 좋은 지표이기는 하지만 그렇게 직관적이지는 않습니다. 만일 물질이 절반 줄어드는 데 걸리는 시간이 얼마인지를 알려주는 지표가 있다면 조금 더 받아들이기 쉽지 않을까요? 우리는 이 값을 반감기라고 합니다. N이 $t=0$일 때에 비해 절반이 되어야 하기 때문에 다음과 같은 식을 풀면 될 것입니다.

$$\frac{1}{2}N_0 = N_0 e^{-kT}$$

다행히도 N_0가 양변에 있으므로 나눠서 없앨 수 있습니다. 여기서 e^{-kT}가 1/2이 되어야 하기 때문에 양변에 자연로그를 씌어주면 아래와 같이 됩니다.

$$-kT = \ln(1/2)$$

자연로그 X, 즉 $\ln(X)$는 다음과 같은 관계를 만족하는 수입니다.

$$e^{\ln(X)} = X$$

$\ln(1/2)$는 -0.7 정도의 수입니다. 따라서 반감기 T는 대략 $0.7/k$입니다. 젠슨(R. Jeanson) 등의 연구 결과에 의하면 애집개미가 뿌리는 페로몬의 반감기는 플라스틱 위에서 9분, 종이 위에서 3분이라고 합니다.

우라늄처럼 자연 붕괴하는 방사성동위원소에서도 이러한 반감기의 개념을 사용합니다. 줄어드는 정도가 $dN/dt = -kN$의 관계를 따르기 때문에 전혀 다른 물리 현상이지만 수학적으로는 비슷하게 기술할 수 있습니다.

개미의 이동과 페로몬

감쇠율은 페로몬 경로 형성에 매우 큰 영향을 끼칩니다. 군집에서 먹이까지 페로몬으로 길을 남기는데, 반감기가 지나치게 길 경우, 먹이가 다 떨어지고 나서도 개미들이 페로몬을 따라 먹이에 갈 수 있습니다. 이 경우에 개미들은 헛걸음하게 되죠. 반면 반감기가 매우 짧다고 해보죠. 이 경우에는 안정적인 경로 형성이 힘들 수 있습니다. 이 때문에 개미들은 감쇠율이 다른 페로몬을 섞어서 쓴다고 합니다. 반감기가 긴 페로몬은 경로를 나타내는 데 유용하고, 반감기가 짧은 페로몬은 먹이원의 상태를 나타내는 데 유용합니다.

한편 페로몬은 양성 피드백(positive feedback)의 성질을 가지고 있습니다.(어떤 페로몬은 개미들을 밀어내기도 하지만 여기서는 고려하지 않겠습니다.) 양성 피드백이란 많을수록 더 많아지고, 적을수록 더 적어진다는 뜻입니다. 개미 군집에서 먹이원까지 한번 페로몬 경로가 완성되면 다른 개미들도 그 경로를 이용할 것입니다. 먹이원에 도달한 다른 개미들은 집까지 돌아오면서 새로운 페로몬을 뿌릴 겁니다. 이 때문에 더 많은 개미가 그 경로를 이용하게 되죠.

듀스투어(A. Dussutour) 등은 개미들이 양 갈래 길을 이용하게 했습니다. 길은 고가도로처럼 공중에 떠 있어서 개미들은 오직 주어진 길만을 이용해 먹이원에 왔다 갔다 해야 했죠.

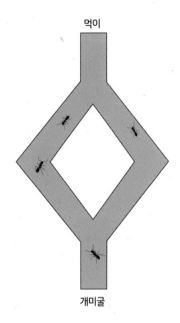

먹이

개미굴

[그림 6-2] 개미의 이동에 관한 실험. 출처: 듀스투어 등(2004)에서 변용시킨 것임

길이 적당히 넓다면 개미들은 한쪽 길만 이용한다고 합니다. 우연에 의해 한쪽으로 페로몬 경로가 형성되면 다른 개미들도 그 길을 이용하기 때문이죠. 만일 길이 좁아져서 충돌이 많아지면 양쪽 길을 모두 사용한다고 합니다.

그렇다면 한번 페로몬 경로가 형성된 상태에서 더 짧은 길이 주어지면 어떻게 될까요? 고스(S. Goss) 등은 긴 페로몬 경로가 형성된 상태에서 짧은 길을 추가해 보았습니다. 개미들은 새로운 길을 찾기보다 더 길지만 페로몬이 뿌려져 있는 기존의 길을 고수했다고 합니다. 페로몬의 양성 피드백이 개미들에게 비효율성을 선사한 경우입니다.

이러한 페로몬의 성질을 이번에는 수학적으로 나타내 보겠습니다. 비크만(M. Beekman)과 그 동료들이 2001년에 출판한 논문에서 사용한 방법입니다.

먼저 전체 개미의 수를 n, 먹이와 군집을 잇는 페로몬 경로를 따라 움직이는 개미들의 수를 x라고 하겠습니다. 경로 위 페로몬의 세기는 그 경로를 이용하는 개미들의 수에 비례하므로 페로몬의 세기는 어떤 상수 b에 대해 bx라고 쓸 수 있을 것입니다. 이외에도 페로몬 경로를 이용하지 않고 혼자 돌아다니다가 먹이를 찾는 개미들도 있을 것입니다. 이렇게 운 좋게 먹이원을 찾는 경우는 페로몬 경로를 이용하지 않는 개미들의 수, 즉 $(n-x)$에 비례할 것입니다. 따라서 먹이까지 왔다 갔다 하는 개미들의 수에는 어떤 상수 a에 대하여 $a(n-x)$가 영향을 미친다고 생각할 수 있습니다.

페로몬 경로를 이용하지 않던 개미 중 일부는 다른 개미들의 페로몬에 이끌려 페로몬 경로를 이용하기 시작할 것입니다. 이 값 역시 페로몬 경로를 이용하지 않는 개미들의 수와 페로몬의 세기에 비례할 것이라고 가정합시다. 그렇다면 먹이와 군집을 오가는 개미들이 늘어나는 양은 $a(n-x)+bx(n-x)$, 다시 말해 $(a+bx)(n-x)$이라고 쓸 수 있습니다.

늘어나게 하는 요소가 있다면 줄어들게 하는 요소도 있겠죠. 페로몬 경로를 이용하는 개미 중에서 별 이유 없이 경로를 벗어나는 개미들도 있을 것입니다. 그 양은 역시나 경로를 이용하는 개미들이 많을수록 더 많아지겠죠. 그렇지만 그냥 많아지지는 않을 것 같습니다. 경로를 이용하는 개미들이 많아질수록 페로몬의 세기도 강해지므로 이탈하는 비율은 점점 줄어들 겁니다. 이 이탈하는 양을 $sx/(s+x)$라는 식으로 표현해보죠. [그림 6-3]을 보면 x가 커질수록 $sx/(s+x)$도 커진다는 것을 알 수 있습니다. 다만 x가 아무리 커져도 $sx/(s+x)$가 s보다 커질 수는 없습니다. 많은 개미들이 경로를 이용해도 이탈하는 개미의 수가 어떤 값보다는 작다는 뜻이죠.

변화량은 간단합니다. 시간당 늘어나는 양에서 시간당 줄어드는

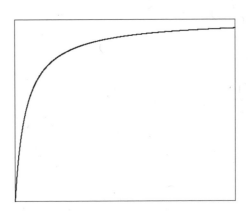

[그림 6-3] $sx/(s+x)$ 그래프의 개형

값을 빼면 되죠. 우리는 방금의 논의를 통해 늘어나는 양과 줄어드는 양의 수학적 모델을 만들었습니다. 즉, 다음과 같은 미분방정식을 얻을 수 있습니다.

$$\frac{dx}{dt}=(a+bx)(n-x)-\frac{sx}{s+x}$$

미분방정식의 형태가 아까 본 $dN/dt=-kN$보다 훨씬 더 복잡하군요. 이걸 우리가 풀 수 있을까요?

이런 미분방정식과 마주쳤을 때 우리는 몇 가지 대응방안을 생각해 볼 수 있습니다. 첫 번째는 그냥 푸는 것입니다. 이 방법은 그냥 패스하겠습니다. 너무 복잡할 것 같거든요. 두 번째는 컴퓨터에게 시키는 것입니다. dx/dt는 매우 적은 시간 동안 x가 변한 정도를 나타내는 것인데, dt를 0.00001 정도의 작은 값으로 잡고 계산해도 웬만하면 실제 미분값, 적분값과 비슷한 결과가 나옵니다. 인간이 손으로 계산하기는 어렵지만, 컴퓨터는 빠른 반복작업을 통해 미분방정식을 만족하는 x가 어떻게 변하는지를 알려줍니다.

이 미분방정식을 풀면 a, b값에 따라 달라지기는 하지만 대략 n값이 작으면 dx/dt도 작아지다가 n이 어느 값을 넘어가는 순간부터 dx/dt도 갑자기 커지는 것을 알 수 있습니다. 저자들은 이것을 안정화된 페로몬 경로를 만들기 위해서는 군집의 크기(n)가 어느 값이상이어야 한다는 주장의 근거로 사용했습니다.

실제로 실험을 해보니 군집의 크기가 클수록 한번 형성된 페로몬 경로에 더 많은 개미가 몰려들었습니다. 군집의 크기가 600마리 이하일 때는 경로를 이용하는 개미들이 거의 증가하지 않았는데, 군집이 1000마리보다 클 경우, 경로가 생기면 더 많은 개미가 그 경로를 이용했습니다. 수학적 모델의 그래프와 비슷한 양상입니다.

물론 이런 수학식들이 자연과 정확하게 일치하지는 않습니다. 이 때문에 수학적 모델이 결국 끼워 맞추기 아니냐는 비판도 많이 있습니다. 마치 화살을 벽에 쏜 다음, 벽에 꽂힌 화살 주위로 과녁을 그리는 것처럼 말이죠. 대신 이러한 수학 모델은 자연을 해석할 만한 직관을 제공합니다. 또 자연이 어떻게 돌아가는지에 대한 해석 도구로 활용될 수 있습니다. 좋은 모델이라면 이치에 맞고, 자연현상도 잘 설명합니다. 발견되지 않은 현상까지 예측한다면 금상첨화겠지요.

개미 군집 최적화와 외판원 문제

이번에는 이런 개미 연구에 대한 근본적 고민을 조금 해보겠습니다. 누군가는 이렇게 물어볼 수 있겠습니다. 도대체 개미를 연구하는 것이 무슨 의미가 있느냐고 말이죠. 저는 그런 질문을 받을 때마다 ACO(Ant Colony Optimization), 즉 개미 군집 최적화를 언급합니다.

개미들은 작은 뇌를 가지고 상당히 효율적으로 경로를 형성합니다. 전체를 지휘하는 중앙 통제 시스템도 없이 말이죠. 개미의 뇌 크기로 보아 상당히 간단한 알고리즘으로 움직일 것입니다. 이런 탓에 개미들의 움직임으로부터 영감을 받은 알고리즘들이 상당히 여럿 있습니다. 이처럼 개미로부터 영감을 받아 만들어진 문제 해결법을 ACO 알고리즘이라고 합니다.

ACO 활용의 한 예로 외판원 문제(Travelling salesman problem)를 살펴보겠습니다. 여러 도시가 있습니다. 당신은 각 도시를 한 번씩만 들러야 합니다. 모든 도시를 거쳐 원래 출발했던 도시로 돌아왔을 때 이동한 총 거리를 가장 짧게 만드는 경로는 어떤 경로일까요? 이 문제는 간단해 보이지만 그 해를 찾는 것이 상당히 어렵다고 알려져 있습니다. 도시의 수가 늘어날수록 최적해를 찾으려면 계산량이 기하급수적으로 늘어나서 그렇죠.

도리고(M. Dorigo)와 감바델라(I. Gambardella)는 개미에서 영감을 받아 가상의 개미들이 가상의 페로몬을 뿌리는 시뮬레이션 시스템을 만들어 외판원 문제에서 비교적 짧은 길을 효과적으로 찾아내었습니다.

가상의 개미들이 움직이는 원리는 간단합니다. 다른 도시와의 거리가 가깝고, 그 도시로 가는 길에 다른 개미들의 페로몬이 많이 뿌려져 있으면 그 도시로 가는 것이죠. 물론 이미 방문한 도시는 다시 방문하지 않습니다. 이런 알고리즘을 실행시키는 방법에는 두 가지가 있습니다.

현재 있는 도시를 r이라고 하고, 다른 어떤 도시를 u라고 하겠습니다. $f(r, u)$는 두 도시 사이의 길에 묻어 있는 페로몬의 농도입니다. $d(r, u)$는 두 도시 사이의 거리인데, 거리가 짧을수록 지표의 값도 커져야 하기 때문에 $\left(\frac{1}{d(r, u)}\right)^k$을 사용하도록 하죠. k는 거리의 영향력을 결정하는 값인데, k에 따라 $\left(\frac{1}{d(r, u)}\right)^k$이 변하는 양상도 달라집니다.

우선 다른 것은 다 무시하고 $f(r, u) \times \left(\frac{1}{d(r, u)}\right)^k$의 값이 가장 큰 도시 u를 선택하는 방법이 있습니다. 이것을 1번 방법이라고 하죠. 다른 방법으로는 확률적인 선택을 하는 것인데요, 거리가 가깝고 페로몬이 많을수록 더 높은 확률로 그 도시로 가는 방법이 있습니다. 이것을 2번 방법이라고 하겠습니다.

확률은 잘 아시다시피 0에서 1 사이이고, 가능한 모든 선택지의 확률을 더하면 1이 되어야 합니다. 그렇다면 2번 방법을 사용할 때 수식의 구조를 어떻게 짜야 이런 조건을 만족할 수 있을까요? 아직 방문하지 않은 임의의 도시 u에 갈 확률은 $f(r, u) \times \left(\frac{1}{d(r, u)}\right)^k$에 비례해야 합니다. 그렇지만 전체의 합은 1이 되어야 하죠. 그렇다면 아직 방문하지 않은 모든 도시 u에 대해 $f(r, u) \times \left(\frac{1}{d(r, u)}\right)^k$을 모두 더한 S를 구해봅시다.

어떤 도시 u에 갈 확률을 $f(r, u) \times \left(\dfrac{1}{d(r, u)} \right)^k / S$라고 한다면 앞서 말한 조건, 즉 확률은 $f(r, u) \times \left(\dfrac{1}{d(r, u)} \right)^k$에 비례하는 동시에 모든 확률을 더하면 S/S인 1이 됩니다. 이런 알고리즘을 사용할 경우 가끔 먼 도시, 혹은 페로몬이 적게 뿌려진 길을 선택하기도 합니다. 확률적인 모험이 존재하기 때문이죠. 논문에서는 1번과 2번 방법을 적절히 섞어 사용했습니다.

이렇게 가상의 여러 개미가 도시들을 돌고 나면 가장 짧은 거리를 움직인 개미가 나올 것입니다. 그 개미가 지나온 길에 더 많은 페로몬이 뿌려졌다고 가정한 뒤, 이런 식으로 개미들이 오래도록 지나가게 하면 최적에 가까운 경로에 더 많은 페로몬이 묻게 됩니다. 실제로 이런 식으로 외판원 문제를 풀 경우 다른 알고리즘에 비해 더 짧은 길을 잘 찾는다고 합니다. 개미들을 관찰하여 활용하니 효율적인 알고리즘이 탄생한 것입니다.

앞으로는 작은 로봇들이 서로 협업하여 임무를 수행할 때 이렇듯 개미에서 영감을 받은 알고리즘을 사용할지 모릅니다. 어떤가요? 개미 연구도 충분히 가치가 있지요?

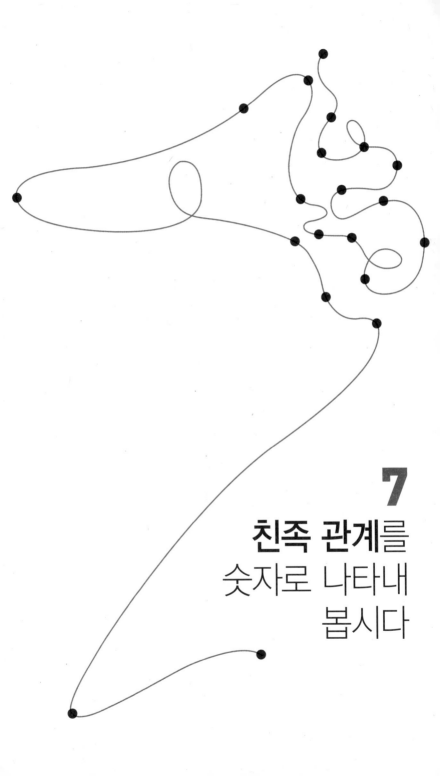

7

친족 관계를
숫자로 나타내
봅시다

Mathematics *of* Ants

From trails to pheromones and social structures

개미는 참 신기한 생물입니다. 우선 계급이 나눠진 것이 그렇습니다. 일개미들은 개미집 안이든 혹은 바깥이든 일을 하고, 병정개미는 전쟁을 치르고, 여왕개미는 계속 알을 낳습니다. 집단에 대한 충성도도 높아서 집단을 위해 자신을 희생하기도 합니다. 또 알과 유충은 다른 개미들이 공동으로 기르죠. 이번 장에서는 개미들이 다른 동물들에게서는 찾아보기 어려운 독특한 사회구조(진사회성, eusociality)를 갖게 된 배경을 수학적으로 알아보도록 하겠습니다.

개미나 벌 같은 생물들이 왜 진사회성을 갖게 되었는지를 설명하는 여러 이론이 있습니다만, 그중 친족 선택 이론이 잘 알려져 있습니다. 친족 선택의 원리는 간단합니다. 내가 내 가족이나 친척을 도우면 나와 유사한 유전자들도 도움을 받기 때문에 유전자의 확산 측면에서 더 유리하다는 것입니다.

친족 선택 이론

친족 선택 이론에서는 상대방이 나와 얼마나 가까운지를 파악하는 것이 중요합니다. 연구자들은 유전적으로 얼마나 가까운지를 설명하기 위해 유전적 근연도라는 개념을 만들어냈습니다. 유전적 근연도를 이해하기 위해서는 먼저 세포 내 DNA의 구조에 대해 어느 정도 알 필요가 있습니다. 마치 소프트웨어 프로그래머가 컴퓨터의 기계적 구조에 대해 어느 정도는 알아야 제대로 된 코딩을 할 수 있는 것처럼 말이죠.

DNA…. DNA라는 단어는 많이 들어보셨을 테지만 정확하게 이 단어는 무엇을 뜻하는 걸까요? 우선 DNA는 DeoxyriboNucleic Acid 의 약자인데요, 대강 말해서 세포핵 안에 있는 기다란 화학 물질입니다. 기차가 여러 칸의 객실로 이어져 있는 것처럼 DNA도 뉴클레오타이드라는 기본 단위체가 이어져 만들어집니다. 뉴클레오타이드에는 4가지 종류가 있는데요, 뉴클레오타이드 안에 있는 핵염기에 따라 그 종류가 구분됩니다. 그 핵염기는 시토신(C), 구아닌(G), 티민(T), 아데닌(A)이라는 네 가지 물질입니다. 이 네 가지 물질이 결합한 순서가 바로 우리의 유전적 형질을 결정합니다. 컴퓨터 프로그램이 0, 1 두 글자로, 한글이 21개의 모음과 19개의 자음으로, 영어가 26개의 알파벳으로 구성되어 있듯, A, G, C, T는 생명을 기술하는 글자입니다. DNA 가닥은 아주 길죠. 핵 안에 있는 DNA는 모두 30억 글자(뉴클레오타이드)로 구성되어 있습니다.

세포가 분열할 때는 핵도 두 개로 나뉘어야 합니다. 그러므로 핵 분열 전에는 핵 안에 있는 이 DNA 가닥들이 뭉칩니다. 이사할 때 짐을 싸는 것처럼 말이죠. 인간의 경우 DNA는 46개의 덩어리로 뭉칩니다. 이 덩어리를 염색체라고 부르죠. 염색이 잘 되는 덩어리란 뜻입니다. 46개의 덩어리 중 23개는 어머니에게서, 나머지 23개는 아버지에게서 온 것입니다. 즉 당신이 가진 DNA는 기본적으로 복제품이고, 어머니와 아버지의 복제 DNA를 합친 것입니다.

자, 여기서 이야기가 시작됩니다. 당신의 각 세포 안에는 46개의 DNA 덩어리(염색체)가 있습니다. 이 중에서 하나를 골라보죠. 고른 그 염색체가 아버지의 세포 안에도 있을 확률은 얼마나 될까요? 총 46개의 덩어리 중에서 23개가 아버지에게서 왔으니 확률은 23/46, 즉 0.5입니다. 우리는 이 확률을 근연도라고 부릅니다. 당연한 이야기겠지만 근연도가 높을수록 가까운 친족이라는 뜻이죠.

다시 당신의 핵 안에 있는 DNA 덩어리를 하나 골라봅시다. 이번에는 아버지의 아버지, 즉 친할아버지가 같은 DNA 덩어리를 갖고 있을 확률은 얼마일까요? 아버지가 그 DNA를 갖고 있을 확률은 0.5입니다. 아버지가 가진 하나의 DNA 덩어리에 대해 친할아버지가 그 DNA 덩어리를 가질 확률 역시 0.5입니다. 그러니 친할아버지가 당신의 DNA 덩어리를 가지기 위해서는 산을 두 번 넘어야 합니다. 첫째, 아버지가 그 DNA 덩어리를 갖고 있어야 하고, 친할아버지 역시 그 DNA 덩어리를 갖고 있어야 합니다. 그러므로 친할아버지가 그 덩어리를 가질 확률은 0.5 곱하기 0.5, 즉 0.25입니다. 같은 원리에 의해 친할머니, 외할아버지, 외할머니와의 근연도 역시 0.25죠. 이번에는 친할아버지의 세포핵에서 DNA 덩어리를 하나 골라 당신에게 있는지 확인해봅시다. 아버지에게 그 덩어리가 있을 확률은 0.5이고, 그 덩어리가 다시 당신에게 있을 확률은 0.5이기 때문에 근연도는 0.25입니다. 즉 친할아버지와 당신 사이의 근연도는 어느 방향으로 가든 0.25입니다. 근연도가 대칭적인 개념이기 때문에 그렇죠.

이번에는 형제자매와 당신 간의 근연도에 대해 알아봅시다. 우선 간단한 가계도를 그려보겠습니다.([그림 7-1])

위의 두 동그라미는 어머니와 아버지입니다. 왼쪽 아래는 당신이고, 오른쪽 아래는 당신의 형제이지요. 당신이 가진 염색체 하나를 골라봅시다. 아버지에게 그 염색체가 있을 확률은 0.5, 어머니에게 그 염색체가 있을 확률도 0.5입니다. 아버지에게 그 염색체가 있다고 해 보죠. 그 염색체가 형제에게도 갈 확률 역시 0.5입니다. 따라서 0.5의 확률에 다시 0.5를 곱해주면 아버지의 염색체가 형제 모두에게 있을 확률이 나옵니다. 0.5의 확률로 그 염색체가 어머니에

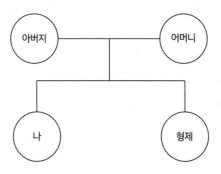

[그림 7-1] 형제 사이의 가계도

게 있을 때도 마찬가지이죠. 따라서 하나의 염색체를 골랐을 때, 그 것이 당신의 형제에게도 존재할 확률은 0.5×0.5×2인 0.5입니다. 부모자식 사이의 근연도와 같군요!

이런 식으로 가계도를 그려서 계산을 해 나가면 당신과 친척 사이의 근연도가 얼마인지를 알 수 있습니다. 일반적인 그래프라면 당신과 N촌 사이의 근연도는 $0.5^{(N-1)}$입니다.(물론 사돈은 제외합니다.) 삼촌과는 근연도가 1/4, 사촌과는 1/8이란 뜻이죠. 근연도는 보통 relatedness의 앞글자를 따서 r이라고 씁니다.

해밀턴 규칙

근연도는 유전적으로 얼마나 가까운지를 유전자의 입장에서 객관적으로 나타내주는 지표입니다. 도대체 근연도가 무슨 의미를 갖는 것이기에 제가 이렇게 길게 설명을 한 것일까요?

한 가지 상황을 상상해 봅시다. 당신이 어느 날 길을 가다가 위험에 빠진 당신의 친족을 발견했습니다. 예를 들어 그 친족이 물에 빠졌다고 합시다. 당신이 도와준다면 100퍼센트는 아니지만 친족은 위험에서 빠져나올 수 있습니다. 대신 당신이 위험에 빠질 수 있겠죠. 운이 나쁘면 친족과 당신 모두 위험에 처할 수 있습니다. 당신은 결정을 내려야 합니다.

자, 이제 당신이 유전자라고 생각해봅시다. 유전자의 목적은 자신을 널리 퍼뜨리는 것입니다. 도킨스가 쓴 책의 제목처럼 유전자는 이기적입니다. 유전자의 입장에서 자신의 전파에 가장 도움이 되는 선택을 하도록 진화의 힘이 우리를 이끌었을 것입니다.

결론부터 말하자면 다음의 식이 성립할 경우, 친족을 도와주는 것이 유전적으로 유리합니다.

$$Br - C > 0$$

여기서 B는 친족이 받는 도움입니다. C는 도와주는 사람이 받는 손해죠. r은 근연도입니다. 다시 말해 상대방이 얻는 이득이 크고, 유전적으로 가깝고, 당신이 얻는 손해가 적을수록 도와주는 것이 이득이 될 가능성이 큽니다. 물론 유전자의 입장에서 그렇습니다. 진화생물학에서 해밀턴의 규칙이라 불리는 이 식은 굉장히 유명합니다. 이 식은 왜 우리가 친족을 도우려 하는지 적어도 큰 틀에서는 설명해 줍니다.

이 식이 왜 개미에게 중요한지 알아보기 위해 염색체의 구조에 대해서 조금 더 탐구해보죠. 앞서 인간의 세포핵에는 46개의 염색체가 있다고 했습니다. 이 중에서 23개는 어머니로부터, 나머지 23개는 아버지로부터 왔다고 했는데요, 각 23개의 염색체에는 크기순대로 번호가 붙습니다. 제일 큰 것이 1번 염색체, 그다음이 2번인 식이죠. 아버지로부터 온 1번 염색체는 어머니로부터 온 1번 염색체와 짝을 이룹니다. 나머지 번호들도 마찬가지입니다. 이 때문에 염색체는 총 23쌍입니다.

참고로 23번째 짝인 성염색체는 예외입니다. 남자는 성염색체로 X와 Y를 갖고, 여자는 성염색체로 두 개의 X를 갖죠. 이들은 그 특이성 때문에 마지막에 따로 분류됩니다. 다시 말해 23번째로 이름이 붙지만 제일 작지는 않죠.

각 번호의 염색체에는 특정한 유전자가 존재합니다. 예컨대 암억제에 중요한 역할을 하는 *TP53* 유전자는 17번 염색체에 존재하고, 피부와 머리카락 색을 결정하는 *MC1R*은 16번 염색체에 있습니다. Y염색체에는 *SRY*라는 유전자가 있는데, 이 유전자가 있으면 남성의 성질이 나타납니다.

어떠한 유전자가 있습니다. 편의상 G라고 하겠습니다. 이 유전자가 n번째 염색체에 존재한다고 하죠. 임의의 사람을 하나 골라서 그 사람의 n번 염색체 중 하나를 골랐을 때 G가 존재할 확률을 유전자의 빈도라고 합니다. 이 값을 p라고 표현하는데, 유전자가 많이 퍼져 있을수록 p값도 커지겠죠. 예를 들어서 검은색 머리카락을 만드는 유전자는 우리나라에서 그 빈도가 거의 1에 가까울 겁니다. 반면 프랑스에서는 그 빈도가 훨씬 낮습니다.

우리에게는 2개의 n번 염색체가 있으므로 G가 2개 존재할 확률은 p^2입니다. 첫 번째 n번 염색체와 두 번째 n번 염색체 모두 G를 가져야 하기 때문에 p를 두 번 곱한 것이죠. 반면 1개만 존재할 확률은 $2p(1-p)$입니다. 첫 번째 n번 염색체에 G가 있을 확률은 p이고 두 번째 n번 염색체에 G가 없을 확률은 $(1-p)$입니다. 그러므로 이 확률은 $p(1-p)$입니다. 비슷하게 첫 번째 n번 염색체에 G가 없을 확률은 $(1-p)$이고, 두 번째 n번 염색체에 G가 있을 확률은 p입니다. 따라서 총 확률은 $p(1-p)$의 두 배가 되는 것이죠. G가 하나도 없을 확률은 $(1-p)^2$입니다. 모든 경우의 확률을 더하면 항상 1이 되어야 하죠. 실제로 G가 2개, 1개, 0개 있을 경우의 확률을 모두 더하면, 역시 1이 됩니다.

$$p^2+2p(1-p)+(1-p)^2=(p+1-p)^2=1$$

유전자 빈도의 개념까지 알았으니 우리는 해밀턴의 규칙($Br-C>0$)을 증명할 준비가 되었습니다.

$Br-C>0$ 부등식은 해밀턴(W. D. Hamilton)이 1964년에 쓴 논문에 나오는데요, 그 증명과정이 상당히 복잡하고 깁니다. 따라서 이 책에서는 간단한 수학적 모델을 만들어서 이 식을 증명하도록 하겠습니다.

총 N명의 개체로 구성된 어떤 집단을 생각해봅시다. 어떤 개체가 죽으면, 그 자리는 새로 태어나는 개체가 차지합니다. 이 때문에 총 개체 수는 N으로 고정되어 있습니다.

N명의 개체 중 하나가 길을 가다가 자신의 친족이 물에 빠진 것을 보았습니다. 철저하게 유전자의 관점에서 어떤 판단을 하는 것이 유전자의 확산에 도움을 줄까요?

이러한 도움 여부를 결정하는 유전자를 G라고 이름 붙여 봅시다. G는 n번 염색체 상에 있는데, 도와주는 이가 가진 두 개의 n번 염색체 모두 G를 갖고 있다고 가정해 봅시다. G는 자신을 많이 퍼뜨리고 싶어 합니다. 그렇다면 도와줄 때와 도와주지 않을 때의 이득과 손해를 계산해서 어느 쪽이 더 이득인지 비교해봐야겠죠. 도와주는 개체의 이름을 찰스, 물에 빠져 도움을 기다리는 개체의 이름을 로버트라고 해보겠습니다.

G의 관점에서 로버트의 n번 염색체가 G를 가질 확률은 얼마일까요? 로버트의 n번 염색체 중 하나를 골라봅시다. 그 염색체가 찰스의 n번 염색체의 복제품일 확률은 r, 즉 근연도입니다. 그렇지만 $(1-r)$의 확률로 그 복제품이 아닐 수도 있겠죠. 이 경우에 그 염색체는 G의 유전자 빈도의 확률로 G를 갖습니다. 따라서 로버트가 가진 n번 염색체가 G를 가질 확률은 $r+(1-r)p$라고 쓸 수 있습니다. p는 유전자의 빈도인데 이 값은 0에서 1까지의 범위를 갖습니다. 근연도가 높을수록, G의 유전자 빈도가 높을수록 로버트의 n번 염색체가 G를 가질 확률도 높아집니다. 로버트에게는 두 개의 n번 염색체가 있으므로, 로버트는 $2(r+(1-r)p)$개의 G 염색체를 갖고 있다고 할 수 있죠. 물론 G 염색체는 0개, 1개, 혹은 2개이지만 그 기댓값이 $2(r+(1-r)p)$개라는 뜻입니다. 이제 계산을 시작해 봅시다.

로버트가 물에 빠졌습니다. 로버트에게는 $2(r+(1-r)p)$개의 G 유전자가 있을 것으로 기대가 됩니다. 찰스에게는 2개의 G 유전자가 있습니다. 찰스가 도와주지 않으면 로버트는 S_0의 확률로 살 수 있습니다. 반면 찰스가 도와준다면 S_0+B의 확률로 살 수 있습니다. 찰스가 도와준다면 찰스도 위험에 빠지게 되는데요, 찰스가 도와줄 경우 찰스는 C의 확률로 죽게 됩니다.

자, 이제 도와주는 경우를 살펴봅시다. 우리는 G 유전자의 기댓값의 측면에서 접근할 것입니다. 찰스가 도와줄 경우, 찰스는 $(1-C)$ 의 확률로 삽니다. 이때는 2개의 G 유전자가 남게 되죠. 만일 C의 확률로 찰스가 죽을 경우, 찰스의 자리는 그 집단에서 새로 태어나는 다른 개체에 의해서 채워질 것입니다. 이 경우 새로운 개체는 두 개의 n번 염색체를 갖기 때문에, $2p$개의 G를 가질 것이라고 기대할 수 있습니다.

도움을 받아서 로버트가 S_0+B의 확률로 산다면, 앞서 살펴보았듯 $2(r+(1-r)p)$개의 G 유전자가 살아남습니다. 반면 로버트가 $1-(S_0+B)$의 확률로 죽는다면 그 자리는 $2p$의 G를 가진 새로운 개체로 치환되겠죠. 따라서 찰스가 도움을 줄 경우, 총 G 유전자의 개수는 다음과 같을 것입니다.

$$2(1-C)+2pC+2(r+(1-r)p)(S_0+B)+2p(1-S_0-B) \quad \cdots \quad (1)$$

여기서 $2(1-C)+2pC$는 찰스가 살거나 죽을 때 G의 개수이고, $2(r+(1-r)p)(S_0+B)+2p(1-S_0-B)$는 로버트가 살거나 죽을 때 G의 개수입니다.

찰스가 도움을 주지 않는다면 어떨까요? 찰스는 살아남기 때문에 2개의 G가 남습니다. 로버트는 S_0의 확률로 살아남고, 이 경우 $2(r+(1-r)p)$개의 G가 남겠죠. 로버트가 죽을 경우, $2p$개의 G가

생겨납니다. 따라서 찰스가 도와주지 않을 경우 G 개수의 기댓값
은 다음과 같습니다.

$$2+2(r+(1-r)p)S_0+2p(1-S_0) \quad \cdots \quad (2)$$

그렇다면 유전자의 입장에서 어떤 경우에 도와주는 것이 이득이
되는 걸까요? (1)번 식에서 (2)번 식을 뺐을 때 그 값이 0보다 크다
면 도와주는 것이 더 유리하다고 생각할 수 있습니다. 계산이 복잡
하지만, 이리저리 항들이 상쇄되어 그 결과는 간단히 쓸 수 있습니다.

$$(Br-C)(1-p)>0$$

여기서 p가 1이 아닐 경우 이 식은 $(Br-C)>0$로 변환됩니다. 해
밀턴의 결과와 같군요! 증명하는 데 상당한 노력이 들어갔습니다
만 어찌 되었든 결과가 나와서 다행입니다.

이 식을 조금 음미(吟味)해보겠습니다. 당신의 친족이 물에 빠졌
습니다. r이 클수록, 즉 더 가까운 친족일수록 유전자의 관점에서 뛰
어드는 것이 유리합니다. r은 0에서 1 사이이므로 $Br-C>0$이 성립
하기 위해서는 상대방이 받는 이득(B)이 도와주는 사람의 손해(C)
보다 커야 합니다. 역시나 B가 클수록 도와줄 확률이 높은데요, B가

크단 이야기는 도와주는 사람의 도움이 도움을 받는 사람에게 중요하게 작용한다는 뜻입니다. C는 작을수록 도와줄 확률이 높습니다. 좀 전의 예에서 찰스가 수영 선수여서 남을 구하더라도 자신이 죽을 확률이 적다면 C가 작다고 할 수 있겠죠. 즉 근연도가 낮더라도, 도움을 주는 사람이 위험에 처하지 않고, 상대방에게 도움이 결정적으로 작용한다면 유전자의 입장에서 남을 돕는 것이 이득입니다.

이제 이 결과가 개미의 진사회성에 어떤 분석틀을 제공하는지 알아보겠습니다.

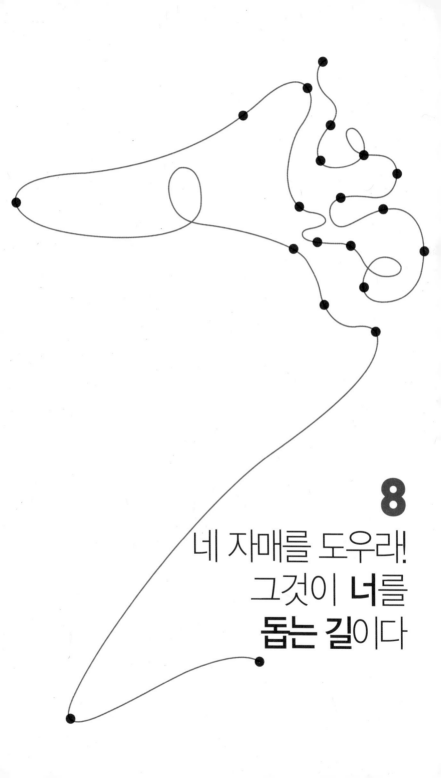

8

네 자매를 도우라!
그것이 **너**를
돕는 길이다

Mathematics *of* Ants

From trails to pheromones and social structures

인간의 성은 어떻게 결정되는 것일까요? 앞 장에서 말했듯 Y 염색체의 존재 여부가 인간의 성을 결정합니다. Y 염색체 상의 *SRY*라는 유전자가 남성으로 발달할 수 있게 도와주죠. 만일 Y 염색체에 이 *SRY* 유전자가 빠져 있으면, 그 사람은 여성의 몸을 갖게 됩니다. 다시 말해서 인간에게는 46개의 염색체가 있는데, 그중 2개의 성염색체가 남성(XY)과 여성(XX) 여부를 결정합니다.

나이에 따른 다형성

개미의 성 결정 방식은 조금 독특합니다. 인간은 남성이든 여성이든 두 세트의 염색체를 갖고 있고 각 세트에는 23개의 염색체가 있죠. 반면 개미는 종에 따라 다르긴 하지만 암컷의 경우 8쌍에서

26쌍의 염색체가 있다고 합니다. 특이하게도 암컷은 염색체를 두 세트 갖지만, 수컷은 한 세트만 갖고 있습니다. 즉 암컷은 각 염색체가 짝을 갖지만, 수컷의 염색체는 짝이 없습니다. 따라서 염색체의 수 역시 암컷의 반입니다.

이러한 독특한 유전 구조 때문에 개미의 근연도가 매우 높아졌습니다. [그림 8-1]을 한번 보겠습니다.

동그라미는 각 개체의 세포핵을 나타냅니다. 왼쪽 위에 있는 핵은 여왕개미의 세포핵입니다. 세포핵에는 여러 쌍의 염색체가 있지만, 이해를 돕기 위해 한 쌍의 염색체만 나타내겠습니다. 오른쪽 위는 수개미입니다. 하나의 염색체가 있고, 그 염색체에는 짝이 없죠.

자, 이제 아래쪽에 있는 두 일개미를 봅시다. 일개미들은 여왕개

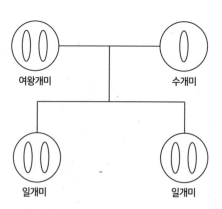

[그림 8-1] 일개미 사이의 가계도

미로부터 하나, 수개미로부터 하나의 염색체를 받아서 한 쌍의 염색체를 갖게 됩니다. 그러므로 일개미는 모두 암컷이죠. 만일 일개미의 핵 안에 있는 염색체를 하나 고르면 0.5의 확률로 여왕개미에게서 온 것이고, 0.5의 확률로 수개미에게서 온 것입니다. 그 염색체가 수개미로부터 온 것이라면 다른 일개미들도 반드시 그 염색체를 가지고 있습니다. 수개미는 염색체를 쌍으로 가진 것이 아니므로 자손들에게 모두 같은 염색체를 줍니다. 덕분에 일개미들이 가진 염색체 중 절반은 똑같은 복제품이죠. 만일 그 염색체가 여왕개미로부터 온 것이라면 자매 일개미도 그 염색체를 가질 확률은 0.5입니다. 왜냐하면, 여왕개미는 자신의 염색체 중 절반만을 일개미에게 주기 때문이죠.

그렇다면 일개미 간의 근연도는 얼마일까요? 임의의 염색체 하나를 골랐을 때 0.5의 확률로 수개미로부터 온 염색체를 고른다면 다른 일개미도 그 염색체를 가집니다. 반면 0.5의 확률로 여왕개미로부터 온 염색체를 고른다면 0.5의 확률로 다른 일개미도 그 염색체를 가집니다. 따라서 임의의 염색체를 골랐을 때 상대 일개미도 그 염색체를 가질 확률은 $0.5+0.5 \times 0.5 = 0.75$입니다. 인간의 부모 자식 사이는 근연도가 0.5이고, 형제자매 사이도 0.5인데 이 값보다 더 크군요. 앞서 $Br - C > 0$이 만족할 때 유전자의 입장에서 남을 돕는 것이 더 유리하다고 했습니다. 개미의 경우 일개미들 간의 r값이 더 크기 때문에 이타적인 행동을 할 가능성이 더 큽니다.

개미의 이타적 특성을 보여주는 것 중 하나가 나이에 따른 다형성(age polyethism)입니다. 여러분, 길을 가다가 만나는 개미들은 대다수 죽기 직전의 개미들인 것 아시나요? 길을 가다 만났다는 뜻은 그 개미들이 굴 밖으로 나와서 일을 한다는 뜻입니다. 젊은 일개미들은 비교적 안전한 굴 안에서 일하고, 위험한 외부에서 일하는 개미들은 나이든 개미들입니다. 밖에서 일하는 수확개미의 기대 수명은 14일, 밖에서 일하는 사하라사막개미의 기대 수명은 6일입니다.

젊은 개미와 나이 든 개미가 죽을 때, 젊은 개미는 살아가면서 군집에 기여할 일이 많으므로 그 손해가 막심하다고 할 수 있습니다. 반면 나이 든 개미들은 그렇지가 않지요. 즉 죽었을 때의 이득과 손해가 나이에 따라 달라지는 것입니다. 이런 이유로 나이가 들수록 밖에 나가서 일하는 특성이 진화했다고 유추할 수 있습니다. 비슷한 사례로 개미에게 부상을 가해 기대 수명을 줄이면, 다른 개미에 비해 위험한 일을 더 자주 하게 된다는 연구 결과도 있습니다.

게다가 일개미들이 내릴 수 있는 선택도 상당히 제한되어 있습니다. 일개미들은 암컷이지만 번식을 할 수 없습니다. 이런 상황에서 자신의 유전자를 퍼뜨리는 유일한 방법은 자신의 어미인 여왕개미와 자매인 일개미들을 돕는 것이지요. 이 때문에 군집을 위해 일하는 성질을 가진 개체들은 자신의 유전자를 더 잘 퍼뜨려 종의 특징으로 자리를 잡았다고 볼 수 있습니다.

지배자와 복속자

그렇다면 한 가지 궁금증이 듭니다. 개미들의 오래전 조상에는 이런 진사회성이 없었을 것입니다. 어떻게 이런 독특한 성질이 나타나게 되었을까요? 그 해답을 찾는 데에도 역시나 수학이 사용됩니다.

간단한 수학 모델을 세울 건데요, 모델을 위해서는 늘 가정이 필요하죠. 두 마리의 개미가 있다고 해 봅시다. 두 마리의 개미는 모두 생식이 가능합니다. 둘 중 힘이 더 센 개미는 지배자(dominant)이고 약한 개미는 복속자(subordinate)입니다. 복속자는 지배자의 옆에서 협력할 수도 있고, 아니면 지배자를 떠나서 혼자 살 수도 있습니다. 지배자가 혼자 있을 때 낳는 알의 수를 A라고 합시다.

이제 복속자의 입장에서 살펴보겠습니다. 둘이 같이 지낸다면 kA만큼의 알을 낳을 수 있습니다. 아무래도 협력을 하면 효율이 높아지니까 k는 1보다 큰 값이라고 생각할 수 있습니다. 단, 모두 복속자의 자식은 아니고 이 중에서 p만큼이 복속자가 낳을 수 있는 양입니다. 즉 복속자는 pkA만큼의 알을, 지배자는 $(1-p)kA$만큼의 알을 낳습니다. p는 비율이기 때문에 0에서 1 사이의 값이죠.

둘의 유전적 근연도는 r입니다. 이전 장에서 해밀턴의 규칙을 보았습니다. 해밀턴 규칙을 조금 일반적으로 살펴보면 상대방의 이득에 r을 곱한 것이 자신의 이득과 같다고 할 수 있습니다. 반대로 상대방의 손해에 r을 곱한 것은 자신의 손해와 같습니다. 그들과 r만큼의 유전자를 공유하기 때문입니다. 따라서 복속자가 얻는 실질적인 이득은 (자신의 이득)+r×(지배자가 얻는 이득)입니다. 여기서의 이득은 유전적 이득, 즉 자손을 얼마나 많이 남기는가입니다. 따라서 복속자가 둥지에 남을 경우, 복속자의 실질적인 이득은 다음과 같습니다.

$$pkA+r((1-p)kA) \ \cdots \ (1)$$

이번에는 복속자가 떠나는 경우를 생각해보죠. 복속자가 혼자 지내며 알을 낳을 경우 xA만큼 낳을 수 있습니다. 앞선 정의에 따라 지배자는 A만큼의 알을 낳죠. 이 경우 복속자의 유전적 이득은 아래와 같습니다.

$$xA+rA \ \cdots \ (2)$$

두 마리가 협력하는 것이 복속자의 입장에서 유리하려면 (1)번 식이 (2)번 식보다 커야 합니다. 따라서 다음 식이 성립해야 합니다.

$$pkA+r((1-p)kA)>xA+rA$$

모든 항에 A가 곱해져 있으니 나눌 수 있겠군요. 자, 이제 이런 저런 항들을 정리해서 계산하면 이런 결과가 나옵니다.

$$p>\frac{x-r(k-1)}{k(1-r)}$$

이 식을 살펴보면 p가 어느 정도 이상이 되어야 복속자가 지배자를 떠나지 않는 것이 유리합니다. 다시 말해 복속당하는 개미도 어느 정도 자신의 자손을 낳을 수 있어야 연합이 유지되는 것이죠. r이 커질수록 p는 낮아도 됩니다. 즉, 두 개미의 근연도가 높다면 복속자가 알을 거의 낳지 못해도 안정적인 연합이 유지될 수 있습니다. k가 커져도 마찬가지입니다. 연합으로 인한 효율성의 상승이 클수록 연합이 잘 유지됩니다. 한편 x가 커질수록 p값도 커져야 하는데, 개미가 혼자 나가서도 잘살 수 있다면, 더 많은 알을 낳을 수 있도록 해야 연합이 유지됩니다.

이번에는 지배자의 입장에서 살펴봅시다. 원리는 같습니다. 지배자의 이득은 (자신의 이득)+r×(복속자가 얻는 이득)입니다. 앞서 연합이 이뤄질 경우 지배자가 얻는 이득은 $(1-p)kA$, 복속자가 얻는 이득은 pkA라는 것을 살펴보았습니다. 따라서 지배자가 복속자와 함께 지낼 경우 복속자의 실질적인 이득은 이렇습니다.

$$(1-p)kA+rpkA$$

둘이 따로 있을 경우 복속자의 이득은 다음과 같고요.

$$A+rxA$$

다음 조건이 성립되어야 지배자의 입장에서 연합을 유지하는 것이 이득이지요.

$$(1-p)kA+rpkA>A+rxA$$

이 식을 다시 써보면 $x<k-1$이 됩니다. 즉 복속자의 생식 능력이 낮을수록, 연합으로 인한 효율 상승이 클수록 연합이 잘 유지될 수 있죠.

아무리 수식이 우아하다 해도 현실 세계를 설명할 수 없는 모델은 별 가치가 없습니다. 이 모델은 개미의 가까운 친척인 쌍살벌(polistine wasp)에서 발견되는 한 가지 흥미로운 현상을 설명할 수 있습니다. 쌍살벌의 경우 외부 환경에 따라 생식을 하는 벌의 수가 바뀝니다. 이들은 자매끼리 모여서 연합을 이루는데, 자원이 풍부한 봄에는 연합 내 대부분의 벌이 난소를 발달시킵니다. 이때에는 혼자 지내도 번식을 잘할 수 있으므로 앞서 살펴본 x값이 크다고 할 수 있습니다. 이런 이유로 인해 p값(복속자들이 생식하는 비율)도 커져서 더 많은 비율의 벌들이 생식을 합니다. 그렇게 해야만 복속자들이 남아 있게 되죠. 반면 여름에는 곧 가을과 겨울이 다가오기 때문에 x값이 봄일 때보다는 작습니다. 이때에는 절반가량의 벌들이 난소를 발달시키지 않습니다. 생식을 하지 않는다는 이야기이죠. 즉 x가 작아져서 p도 따라서 작아졌다고 해석할 수 있습니다. 개미와 벌의 조상들은 이러한 상황을 겪으면서 진사회성을 발달시켰을 것입니다. 이 모델은 리브(H. K. Reeve)와 레트닉스(F. Ratnieks)가 만들었습니다.

9

복잡한 **문제**는
컴퓨터한테 시킵시다

Mathematics *of* Ants

From trails to pheromones and social structures

4장에서 우리는 개미의 꼬불꼬불한 움직임을 수학적으로 관찰하는 방법에 대해 알아보았습니다. 실험판 위에서 먹이와 집을 왔다 갔다 하는 개미들, 즉 중심부에 있던 개미들은 직선에 가깝게 움직이는 반면, 변두리에 있는 개미들은 꾸불꾸불하게 움직인다고도 말했습니다. 아마도 주변부의 개미들은 먹이 나르기보다는 탐사 임무를 수행하느라 그런 것 같다는 말씀도 드렸습니다.

구불구불하게 움직이는 것이 과연 새로운 먹이를 찾는 데 도움이 될까요? 개미들을 풀어놓고 한 무리의 개미들은 직선에 가깝게 움직이게 하고, 나머지 개미들은 꾸불꾸불하게 움직이도록 조종한 다음 누가 더 먹이를 잘 찾는지 알아보면 될 것입니다. 그렇지만 실제 개미들을 가지고 이런 실험을 하는 것은 불가능에 가깝습니다. 개미와 사람은 서로 말이 통하지 않으니까요.

가상 개미 시뮬레이션

음… 그렇다면 수학적 모델을 만들어보는 건 어떨까요? 개미가 집에서 나온 뒤 일정 거리를 움직일 때마다 방향을 틀 경우 개미가 먹이를 발견할 확률을 수학적으로 계산해 보는 것입니다. 종이를 꺼내놓고 수식을 쓰려고 하니 벌써 하기가 싫어지는군요. 이러한 수학적 모델을 만드는 것은 너무 복잡합니다.

그렇다면 어떤 방법을 쓰는 것이 좋을까요? 가상의 개미들을 상정한 뒤에 그 개미들이 움직이는 전략을 다르게 해서 먹이를 잘 찾는지 보는 건 어떨까요? 말하자면 컴퓨터로 시뮬레이션을 만들자는 뜻입니다.

제가 대학원에 들어가고 얼마 지나지 않은 2016년이었습니다. 연구실별로 학부생들에게 생명과학 실험 수업을 진행해야 했습니다. 우리 연구실은 행동 생태 및 진화 연구실이기에 동물의 행동이나 진화와 관련된 실험을 보여주어야만 했죠. 그전에는 물고기나 비둘기를 활용해서 먹이를 많이 주는 쪽에 개체들이 많이 몰린다는 실험을 보여주었습니다. 한쪽에서는 먹이를 10초에 한 번씩 주고, 다른 쪽에서는 20초에 한 번씩 주면, 10초에 한 번씩 주는 곳에 2배 더 많은 동물이 모인다는 것을 관찰하는 식입니다.

저는 그것보다는 좀 더 복잡하고 세련되어 보이는 실험을 보여주고 싶었습니다. 처음에는 개미들을 촬영한 다음 프로그램을 활용해 그들의 위치를 추적하는 실험을 해볼까 했습니다. 그렇지만 만일 실험을 하는 날에 비라도 오면 완전 망할 수밖에 없었습니다. 날씨와 상관없이, 그러니까 실내에서 실험을 수행할 수 있으면서 결과도 명백히 나오는 실험을 생각해보다가 컴퓨터 시뮬레이션을 생각하게 되었습니다. 컴퓨터를 이용해 개미의 행동을 모사한 다음 그 패턴을 분석해 보는 것이었죠.

DNA 추출 같은 분자 생물학 실험은 '실험자의 손을 탄다'라고 표현을 합니다. 실험 순서대로 실험을 진행해도 실험자의 숙련도에 따라 결과가 다르게 나오기도 하죠. 반면 컴퓨터 실험은 제가 어떤 식으로 버튼을 누르더라도 제대로 돌아갑니다. 젓가락으로 실행 버튼을 눌러도 누르기만 한다면 컴퓨터는 정확하게 결과를 도출해 냅니다. 이 때문에 컴퓨터 시뮬레이션 실험을 하면 결과가 이상하게 나오지 않을까 하는 걱정을 하지 않아도 됩니다. 저는 코드를 만들어서 학부생들에게 개미들이 움직이는 시뮬레이션을 보여주었습니다. 그 결과를 분석하는 과제를 내주기도 했죠.

이번 장에서는 그때 제가 했던 프로그래밍을 함께 해볼까 합니다. 프로그래밍을 한 번도 해보지 않았더라도 걱정하지 마세요. 한 단계 한 단계 차근차근 나갈 테니까요.

자, 우리가 사용할 프로그래밍 언어는 매트랩(MATLAB)입니다.

왜 매트랩을 사용하느냐고요? 우선 제가 가장 편안하게 사용하는 언어이고, 또 문법이 그렇게 어렵지 않기 때문입니다. 매트랩이 사용하기에 좀 비싸기는 합니다.(저는 돈을 내고 쓰지는 않았습니다. 소속된 학교가 매트랩을 만든 회사와 계약을 해서 무료로 썼습니다.) 대신 GNU 옥타브(Octave)라는 무료로 쓸 수 있는 언어도 있습니다. 이 프로그램은 매트랩에서 기본적으로 사용하는 명령어들과 호환이 됩니다. 프로그램도 설치하기 귀찮다면 옥타브 온라인을 사용하는 방법도 있습니다. 옥타브 온라인을 쓰면 별도의 다운로드 없이 기본적인 매트랩 명령어를 쓸 수 있습니다. 또한 매트랩 체험판은 30일간 무료로 사용할 수도 있습니다.

자, 매트랩이든, GNU 옥타브이든, 옥타브 온라인이든, 만일 그 언어를 처음 다뤄보신다면 명령창에 다음과 같은 문구를 친 다음 실행 버튼을 눌러봅시다.

```
disp('Hello, World!')
```

이렇게 쓰면 다음과 같은 결과가 나타날 것입니다.(에러 메시지가 나타나도 당황하지 말고 무엇이 잘못되었는지 찬찬히 살펴보세요. 컴퓨터는 거짓말을 하지 않는답니다.)

```
Hello,  World!
```

'세상아 안녕!'

이제 우리는 새로운 세계에 들어갈 준비가 되었습니다. 독자분들은 제가 쓴 코드를 따라 해 보셔도 좋고, 아니면 그냥 눈으로만 코딩을 봐도 좋습니다. 컴퓨터가 어떤 원리로 생각을 하는지, 또 과학자들이 어떤 식으로 시뮬레이션 모델을 만드는지 그 이해도를 높이는 것이 이 장의 목적입니다.

개미가 구불구불하게 가는 것과 직선에 비슷하게 하는 것을 비교하고 싶은데요, 우선 판을 깔아봅시다. 개미의 굴이 (0, 0) 지점에 있다고 가정을 하고 가로세로 길이가 20인 판을 상정해 보겠습니다. 그러면 모서리의 좌표는 (10, 10), (10, -10), (-10, 10), (-10, -10)이 될 것입니다. 우선 이 판의 모습을 보겠습니다.

```
figure
ylim([-10  10])
xlim([-10  10])
```

figure라는 명령어를 써서 먼저 그림창을 띄우고 y축의 값을 -10

에서 10까지(ylim([-10 10])), x축의 값을 −10에서 10까지로 지정 (xlim([-10 10]))합니다.

자, 이제 가상의 개미의 위치를 잡아봅시다. 출발점은 개미굴이 있는 판의 가운데, 즉 (0, 0)이 좋겠군요. 시작 방향은 랜덤하게 잡을 겁니다. rand라는 명령어를 쓰면 0에서 1 사이의 값이 랜덤하게 나옵니다. 만일 rand*2*pi라고 쓰면 0에서 2π 사이의 값이 랜덤하게 나오는 것이지요. 우리는 도(°)가 아니라 라디안 단위를 쓸 거라서 파이(π)를 사용합니다. 도 단위로 말하자면 0도에서 360도 사이의 한 값이 나온다는 뜻입니다. 참고로 매트랩에서 pi는 π를 나타냅니다.

이렇게 나오는 처음 출발 방향을 d0라고 하겠습니다.

```
d0  =  rand*2*pi
```

처음 출발의 방향을 d0로 잡고, 그 값을 컴퓨터에 기억시켰습니다. 이번에는 개미가 총 몇 걸음을 걸을지를 설정해봅시다. 1,000 정도로 해두죠. 한 번에 이동할 거리는 0.2 정도로 합시다. 다음을 입력해 줍니다. 또 처음의 위치는 아까 말했듯 (0, 0)입니다.

```
N=1000
v=0.2
p0=[0,0]
```

[0, 0]은 x좌표와 y좌표를 행렬로 표현한 것입니다.

1000걸음을 걷는 동안 그 좌표를 기록할 행렬도 필요합니다. 우선 1000행 2열의 행렬을 만들겠습니다. 각 항은 모두 0인데, 나중에 1000쌍의 x, y좌표로 그 빈칸들을 채울 예정입니다. 자, 그 그릇을 p라는 이름으로 만들어봅시다. 또 매번 움직이는 방향을 라디안 각도로 나타낼 텐데, 그 값을 기록하는 행렬을 dir이라고 하죠.

```
p=zeros(N,2)
dir=zeros(N,1)
```

갑자기 긴 0행렬이 나오는 것이 불편하다면 끝에 세미 콜론(;)을 붙이면 됩니다. 그러면 컴퓨터는 p가 1000행 2열의 행렬이라는 것을 기억은 하지만 그 결과를 명령창에 띄우지는 않습니다. 앞으로 특별한 경우가 아니면 뒤에 세미콜론을 붙이겠습니다.

이제 첫발을 떼겠습니다. 개미의 첫 번째 움직임은 d0의 방향으로 v만큼 움직이는 것입니다. p의 k번째 행을 개미가 k번 움직이

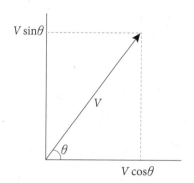

$V\sin\theta$

V

θ

$V\cos\theta$

[그림 9-1] 사인, 코사인을 이용해 움직임의 x와 y 성분을 추출할 수 있다.

고 난 후의 x, y좌표라고 잡읍시다. k행 1열이 k번 움직이고 난 후의 x좌표, k행 2열이 y좌표가 되는 것이죠. x와 y좌표를 구하기 위해 우리는 사인과 코사인을 사용하겠습니다.

```
p(1,1)=v*cos(d0);
p(1,2)=v*sin(d0);
dir(1)=d0;
```

첫걸음은 뗐는데, 이제는 좀 더 일반적인 코딩을 할 차례입니다. $k-1$번째의 움직임으로부터 k번째 움직임을 끌어내 봅시다. $k-1$번째 움직임이 있고 나서 개미의 위치는 $[p(k-1, 1)\ p(k-1, 2)]$입니다. 움직이던 방향은 $\mathrm{dir}(k-1)$이지요.

개미가 새로 움직일 방향은 어디일까요? 이 새로운 방향은 그

전의 방향에 약간에 변화를 준 값이어야 할 것입니다. 다시 rand 함수를 꺼내서 이전의 이동 방향에 약간의 변화를 줘 보겠습니다. 이 변화의 정도를 결정하는 수를 vari라고 이름을 주겠습니다.(vari는 4글자로 되어 있지만 하나의 덩어리라고 생각하시면 됩니다.) 우선은 이 값에 0.5의 값을 주겠습니다. 2*(rand-0.5)라는 명령어는 -1부터 1 사이의 랜덤한 값을 도출합니다. 따라서 여기에 vari를 곱해준 2*(rand-0.5)*vari는 -vari에서 vari까지의 값 중에서 랜덤한 값을 내보냅니다. 지금의 경우 vari는 0.5니까 2*(rand-0.5)*vari는 -0.5에서 0.5 사이의 값을 내보냅니다. 좋습니다. 그 전의 각에 이 랜덤한 값을 더해서 새로운 각으로 잡습니다. 즉 dir$(k-1)$+2*(rand-0.5)*vari 가 새로운 방향 dir(k)가 되는 것입니다.

k가 1인 경우, 우리는 이미 $p(1, 1)$, $p(1, 2)$, dir(1)을 알고 있습니다. 우리는 k가 2부터 1000까지 변하는 상황을 원합니다. 이제 for 문이라는 것을 써 봅시다. for k=2:1000이라고 써준 후 몇 가지 명령어를 적고 end를 적으면 k는 처음에 2로 시작한 뒤 명령어들을 처리합니다. 명령어들을 처리하고 난 후에 k는 하나 더 커진 값인 3이 됩니다. 또다시 명령어가 처리되고 k는 4가 되죠. 이 과정은 k가 1000이 될 때까지 반복됩니다.

```
for  k=2:1000
    dir(k)  =  dir(k-1)  +  2*(rand-0.5)*vari;
    p(k,1)  =  p(k-1,1)  +  v*cos(dir(k));
    p(k,2)  =  p(k-1,2)  +  v*sin(dir(k));
end
```

이렇게 쓰면 새로운 방향은 그 전의 방향에 약간의 변화를 준 값이 되고, 새로운 x, y좌표는 그 전의 위치에서 새로운 방향으로 v만큼 이동한 값이 됩니다.

그렇지만 한 가지 문제가 생깁니다. 만일 개미가 우리가 정해놓은 판 위를 벗어나면 어떻게 될까요? 우리는 아까 x와 y가 −10에서 +10까지인 판을 가정했지요. 괜찮습니다. 만일 x값이 이 범위를 넘어가면 다시 밀어 넣으면 됩니다. 예를 들어서 만일 x가 10을 넘어가면 그 x값을 10에서 $v/2$를 빼준 9.9로 바꿔버립니다. 다음과 같이 써주면 됩니다.

```
if  p(k,1)>10
    p(k,1)=10-v/2;
end
```

만일 $p(k, 1)>10$의 조건이 만족된다면 $p(k, 1)=10-v/2$이 된다

는 뜻입니다. 마찬가지로 x가 −10보다 작아질 때, y가 10보다 크거나, −10보다 작을 때에 대해서도 이런 if 문을 적어줄 수 있지요. 이제 이 4가지 조건을 for 문 안에 넣어줍시다. 그럼 for 문은 이렇게 되겠지요.

```
for  k=2:1000
    dir(k)  =  dir(k-1)  +  2*(rand-0.5)*vari;
    p(k,1)  =  p(k-1,1)  +  v*cos(dir(k));
    p(k,2)  =  p(k-1,2)  +  v*sin(dir(k));
    if  p(k,1)>10
        p(k,1)=10-v/2;
    end
    if  p(k,1)<-10
        p(k,1)=-10+v/2;
    end
    if  p(k,2)>10
        p(k,2)=10-v/2;
    end
    if  p(k,2)<-10
        p(k,2)=-10+v/2;
    end
end
```

이제 계산은 끝났습니다. 이 과정을 보여주기만 하면 됩니다. 그래프를 그리는 몇 가지 함수들을 사용할 건데, 이것들은 그냥 결과를 보여주는 코드라 자세한 설명은 생략하겠습니다.

다음과 같은 코드를 for 문이 시작하기 전 부분에 넣어줍니다. 이

것은 먹이의 위치([그림 9-2]의 두 개의 작은 빨간 동그라미)를 그려주는 코드입니다. text(−1,0,'NEST')는 0, 0 근처에 NEST라는 글씨를 기록합니다.

```
r=  1;
xL=-8;  yL=8;
th  =  0:pi/50:2*pi;
xunit  =  r  *  cos(th)  +  xL;
yunit  =  r  *  sin(th)  +  yL;
h  =  plot(xunit,  yunit,'r');
hold  on

xL=1.5;  yL=-1.5;
xunit  =  r  *  cos(th)  +  xL;
yunit  =  r  *  sin(th)  +  yL;
h  =  plot(xunit,  yunit,'r');
text(-1,0,'NEST')
```

또한, for 문 안쪽의 마지막 부분에 다음과 같은 코드를 넣어줍니다. 이 코드는 개미의 움직임을 그려주는 코드입니다.

```
X=p(k-1:k,1);
Y=p(k-1:k,  2);
plot(X,Y,'-b')
xlim([-10  10])
ylim([-10  10])
a=plot(p(k,1),  p(k,2),'ok');
pause(0.01);
delete(a)
```

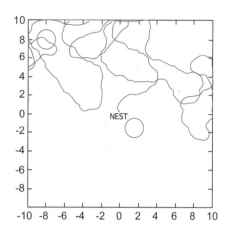

[그림 9-2] 가상의 개미가 먹이를 찾으러 돌아다니는 시뮬레이션. QR코드를 통해 '개미의 수학' 유튜브 채널에 접속하면 실제 시뮬레이션 영상을 볼 수 있다.

이렇게 완성된 최종 코드는 부록에 적어 놓았습니다.

이 코드를 실행시키면 [그림 9-2]와 같은 그림이 나올 겁니다.

네모의 가운데에서부터 개미의 경로가 시작됩니다. NEST라고 적힌 부분이죠. 굴에서 나온 개미가 여기저기를 다니게 됩니다. (책이라서 그 영상을 보여주지 못하는 것이 아쉽습니다.) 두 개의 빨간 동그라미가 있는데요, 그중 가운데 부분에 가까이 있는 것을 가까이 있는 먹이라고 하죠. 왼쪽 위 모서리 근처에 있는 것은 멀리 있는 먹이입니다. [그림 9-2]의 경우 개미는 멀리 있는 빨간 원을 지나가니까 멀리 있는 먹이를 발견했습니다.

이번에는 경로의 특성을 조금 바꿔보겠습니다. 우리는 vari를 0.5로 잡았는데, 이번에는 1.6으로 바꿔봅시다. vari=0.5라고 쓰인 부분

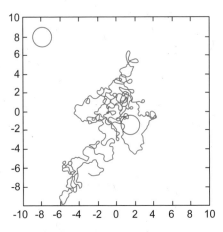

[그림 9-3] 더 꼬불꼬불한 경로를 만들어내는 가상의 개미

을 vari=1.6이라고 바꾸면 됩니다. 그러면 [그림 9-3]과 같은 결과가 나옵니다.

경로가 상당히 꼬불꼬불하군요. 이번에는 가까이 있는 먹이만 발견했습니다. 그렇다면 이런 가설을 세워보는 것은 어떨까요? 꼬불꼬불한 경로와 반듯한 경로는 가깝거나 먼 먹이를 찾는 데 있어 차이가 있다는 가설이지요. 우리가 모델을 만들었으니 이 모델을 가지고 한번 시뮬레이션을 돌려보겠습니다.

우선은 vari를 0.5로 맞추고 100번을 돌려보겠습니다. 제가 돌려보니 총 100번의 시도 중에서 개미가 가까운 먹이를 발견한 경우는 45번, 먼 먹이를 발견한 경우는 31번이었습니다. 반면 vari가 1.6인 경우, 가까운 먹이를 62번, 먼 먹이를 18번 발견했습니다. 트렌

[표 9-1]

	가까운 먹이	먼 먹이
꼬불꼬불한 경로	62	18
직선에 가까운 경로	45	31

드가 보이시나요? 한번 분석을 해보겠습니다.

[표 9-1]은 각 상황에 대해 성공한 경우입니다.

가까운 먹이를 찾을 때는 꼬불꼬불하게 움직이는 것이 더 유리하고, 먼 먹이를 찾을 때는 직선에 가깝게 움직이는 것이 더 유리해 보입니다. 그렇다면 이렇게 생각할 수 있지 않을까요? 개미들이 정찰할 때 먹이가 가까이 있는 경우가 많으면 꼬불꼬불하게 움직이고, 먹이가 먼 곳에 있는 경우가 많으면 더 직선에 가깝게 움직인다고요. 제가 알기로 이런 연구는 아직 실제 개미를 가지고 수행된 적이 없습니다. 혹시 관심이 있다면 누군가가 연구해 주면 좋겠네요. 같은 종의 개미라도 가까운 곳에 먹이가 많은 환경과 먼 곳에 먹이가 많은 환경을 탐사하는 개미들 움직임의 꼬불꼬불한 정도가 다르다면 흥미로운 연구가 될 것 같습니다.(다만 개미들이 무작위 걷기(random walk)의 일종인 레비 비행(Levy flight) 패턴을 따른다고는 알려져 있습니다.)

그런데 혹시 이런 생각을 해볼 수 있지 않을까요? 우리는 시뮬레이선을 돌려서 이런 결과를 얻었기 때문에, 사실 돌릴 때마다 결과는 조금씩 달라집니다. 예를 들어 직선에 가까운 경로에 대해 다시 100번을 돌려보니 가까운 먹이를 53번 찾고, 먼 먹이를 38번 찾았습니다. 따라서 꼬불꼬불한 경로일 때 가까운 먹이를 더 잘 찾는 것이 사실 우연의 결과일 수 있지 않을까요? 우리는 이 결과를 얼마나 확실하게 믿을 수 있을까요? 그에 대한 답은 다음 장에 있습니다.

10
불확실함 속에서
확실함을 찾아봅시다

Mathematics *of* Ants

From trails to pheromones and social structures

이제 결과를 얻었습니다. 하지만 결과를 얻는 것 못지않게 결과를 해석하는 것도 중요합니다. 우선 우리가 얻은 데이터의 성질부터 알아봅시다. 우리가 얻은 데이터는 찾는지 찾지 못하는지에 대한 정보입니다. 먹이를 찾으면 찾은 것이고, 찾지 못하면 찾지 못한 것이죠. 즉 중간값은 없고 결과값이 두 개로 딱 나뉜다는 뜻입니다. 예컨대 운전면허의 소지 여부, 혈액형이 A형인지 아닌지의 여부 등이 결과값이 딱 두 개인 경우입니다. 이와 같은 분포를 베르누이 분포라고 부릅니다.

여기서 우리는 전체 경우에서 무언가가 일어난 경우, 즉 사건의 발생 비율에 관심이 있습니다. 우리가 실행한 개미 시뮬레이션의 경우라면 전체 시행 중에서 먹이를 찾는 경우의 비율이 궁금한 것입니다. 우리가 관심 있는 것은 이 비율의 진짜배기 값이죠. 진짜배기라는 말을 붙인 이유는 우리가 관측하는 이 비율의 값이 매번 바뀌기 때문입니다. 우리가 모르는 모분포가 있는데, 그 모분포로부터 한 번씩 관측을 해서 나온 값들을 가지고 모분포의 평균을 추정하는 것입니다. 저는 예전에 쓴 책에서 이 모분포는 형이상학적인 이데아의 세계에 존재한다고 비유한 적이 있습니다. 인간은 그 진짜 값을 추정할 뿐, 측정오차와 무작위성 때문에 진짜 값은 알기가 매우 어렵죠.

100번의 시뮬레이션

자, 이제 우리의 시뮬레이션 결과로 돌아오겠습니다. 꼬불꼬불한 경로와 반듯한 경로에 대해 각각 100번의 시뮬레이션을 돌렸습니다. 꼬불꼬불한 경로에서 개미가 가까운 먹이를 발견한 경우는 62번이었습니다. 따라서 우리가 얻은 발견확률은 0.62입니다. 이것은 진짜배기 값이 아니라 우리가 관측한 값입니다. 다시 100번을 돌리면 이 값은 얼마든지 달라질 수 있지요. 즉 우리가 구한 100번의 평균은 다음과 같습니다.

$$\overline{X} = \frac{1}{100}(X_1 + X_2 + X_3 + \cdots + X_{99} + X_{100})$$

여기서 각 X_i들은 0 또는 1입니다. 시뮬레이션 상에서 개미가 먹이를 발견하면 1, 아니면 0이 되는 것이지요. 꼬불꼬불한 경로에서 가까운 먹이를 찾을 때, 1은 총 62번, 0은 38번 등장했습니다. 이처럼 관측한 평균을 표현할 때 우리는 보통 문자 위에 선을 붙여서 $\overline{X}$라고 씁니다. 즉 $\overline{X}$=0.62입니다. $\overline{X}$는 'X bar'라고 읽습니다.

이제 평균의 형이상학적 진짜배기 값을 p라고 합시다. 통계적인 단어를 사용하자면 p는 모평균입니다. 모분포의 평균이라는 뜻이죠. 우리가 관측할 때마다 얻은 관측값(X_i)은 모분포에서 뽑아낸 값입니다. 관측값을 여러 번 구한 다음에 평균을 내면 그 평균은 모평균과 얼추 비슷할 것이라고 기대할 수 있습니다. 그러므로 X_i의 기댓값은 p와 같죠. 수학적으로 쓰자면 $E(X_i)=p$입니다. X_i의 기댓값 (Expectation)이 p라는 뜻입니다.

한편 X_i들이 p로부터 보통 얼마나 떨어져 있는지, 즉 X_i의 분산이 궁금하기도 합니다. 분산을 통계적으로 정의하자면 '편차의 제곱의 기댓값'입니다. 편차란 관측값과 기댓값의 차이입니다. 우리의 경우라면 편차는 X_i와 p의 차이지요. 편차의 제곱이라면 $(X_i-p)^2$이 되겠습니다. 이 값이 얼마인지를 알려주는 것이 분산의 기능입니다. 분산에 루트를 씌우면 표준편차가 됩니다. $E((X_i-p)^2)$으로 표현되는 분산의 값을 구해봅시다. $(X_i-p)^2=(X_i)^2-2pX_i+p^2$으로 풀어쓸 수가 있죠. 기댓값에는 다음과 같은 성질이 있습니다.

$$E(aX+bY)=aE(X)+bE(Y)$$

여기서 X, Y는 확률변수이고, a, b는 상수입니다. 이 원리를 적용하면 이렇습니다.

$$E((X_i-p)^2)=E(X_i^2)-2pE(X_i)+E(p^2)$$

좀 전에 $E(X_i)=p$라고 말한 적이 있습니다. 또 $E(p^2)$는 간단하게 p^2이 성립합니다. 따라서 분산은 간략하게 $E(X_i^2)-E(X_i)^2$이라고 적을 수 있습니다. 제곱의 위치가 서로 다른 것을 주의하기 바랍니다. X_i의 제곱의 기댓값과, X_i의 기댓값의 제곱은 서로 다르기 때문입니다.

이제 우리의 개미 시뮬레이션에 대해 먹이에 도달할 기댓값과 그 분산을 구해봅시다. 편의상 꼬불꼬불한 경로에서 가까운 먹이를 찾을 진짜 확률을 p라고 합시다. X_i는 0이나 1인데, 0을 제곱해도 0이고, 1을 제곱해도 1입니다. 따라서 $E(X_i^2)$는 $E(X_i)$와 차이가 없습니다. $E(X_i)$는 p지요. 즉, 다음의 관계가 성립합니다.

$$V(X_i)=E(X_i^2)-E(X_i)^2=p-p^2=p(1-p)$$

$V(X_i)$는 X_i의 분산이라는 뜻입니다. 이 분산에도 몇 가지 성질이 있습니다. 서로 독립인 확률변수 X_i와 X_j가 있다고 해보죠. 서로 독립이라는 뜻은 하나의 결과가 다른 하나에 영향을 미치지 않는다는 뜻입니다. 예컨대 주사위를 던질 때 이전에 나온 숫자는 이후에 나올 숫자에 영향을 미치지 않죠. 반면 키와 몸무게에는 비례관계가 있기 때문에 키가 175센티미터 이상일 경우, 몸무게가 80킬로그램 이상일 확률이 더 올라가죠. 여하튼, 서로 독립인 두 확률 변수에 대해서 다음이 성립합니다.

$$V(aX_i+bX_j)=a^2V(X_i)+b^2V(X_j)$$

이제 우리는 관찰한 X_i들의 평균, 즉 $\overline{X}$의 평균과 분산을 구할 준비가 되었습니다. $\overline{X}$의 평균이야 당연히 p지요. 문제는 분산인데요, 우선 $\overline{X}$가 어떻게 생겼는지 다시 확인해보겠습니다.

$$\overline{X}=\frac{1}{100}(X_1+X_2+X_3+\cdots+X_{99}+X_{100})$$

이 녀석의 분산은 다음과 같겠군요.

$$V(\overline{X})=V(\frac{1}{100}(X_1+X_2+X_3+\cdots+X_{99}+X_{100}))$$

$$=V(\frac{X_1}{100})+V(\frac{X_2}{100})+V(\frac{X_3}{100})+\cdots+V(\frac{X_{99}}{100})+V(\frac{X_{100}}{100})$$

$$=\frac{1}{100^2}(V(X_1)+V(X_2)+V(X_3)+\cdots+V(X_{99})+V(X_{100}))$$

모든 X_i에 대해서 이들의 분산은 $p(1-p)$입니다. 따라서 다음이 성립합니다.

$$V(\overline{X})=(\frac{1}{100^2}(100V(X_i))=\frac{p(1-p)}{100}$$

$\overline{X}$의 경우 X_i보다 분산이 훨씬 더 작군요. 여러 번 시뮬레이션을 돌려서 그 평균을 구하면 그 $\overline{X}$들은 서로 크게 차이가 나지 않는다는 뜻입니다. 다시 말해 100번 시뮬레이션을 돌려서 $\overline{X}$를 구하고, 다시 또 시뮬레이션을 100번 돌려서 또 다른 $\overline{X}$를 구하고, 다시 100번을 돌리고… 이런 식으로 $\overline{X}$들을 구하면 그들은 p에 상당히 가까우면서 서로 크게 차이가 나지 않다는 이야깁니다.

약간 더 일반적으로 말해서 n번의 관측을 통해 그들의 평균 $\overline{X}$를 구하면 그 분산은 다음과 같습니다.

$$V(\overline{X})=V(X)/n$$

우리는 지난 장에서 개미 시뮬레이션을 100번씩 돌렸습니다. 그 정도면 뭐, 어느 정도 큰 값이라고 할 수 있습니다. 보통은 시행횟수 n번에 대해 비율의 평균값(추정값)을 $\bar{X}$라고 한다면, $n\bar{X} \geq 5$이고 $n(1-\bar{X}) \geq 5$이면 표본의 크기가 크다고 말합니다. 우리의 경우 n은 100이고 $\bar{X}$는 0.18에서 0.62 사이입니다. 다행히 $n\bar{X}$와 $n(1-\bar{X})$ 모두 5보다는 더 크군요!

표본의 크기가 어느 정도보다 크다면 이항분포는 정규분포를 따르지요. 이항분포는 확률 p로 0 또는 1이 나오는 분포입니다. 이름 그대로 항이 2개란 뜻이죠. 우리의 시뮬레이션에서 0은 먹이를 못찾는 경우, 1은 찾는 경우입니다. 따라서 우리가 지금까지 다룬 X_i는 이항분포였군요. 정규분포를 따른다는 뜻은 거칠게 표현하자면, 평균 근처에 값들이 몰려 있고 평균에 대해 좌우대칭인 분포를 따른다는 뜻입니다. 아까 우리는 이러한 이항분포의 평균과 분산의 성질에 대해 다뤘습니다. 모평균이 p라고 했을 때, 100번 돌린 $\bar{X}$의 평균은 p, 그 분산은 $p(1-p)/n$이 되겠군요. n이 크면 이 분포가 정규분포를 따른다고 했으니 그 정규분포의 평균도 p, 분산도 $p(1-p)/n$이 되겠습니다.

이제 새로운 개념인 표준화에 대해 알아보겠습니다. 정규분포를 따르는 어떠한 확률 변수 X가 있을 때, 여기서 평균을 빼준 새로운 확률 변수의 평균은 얼마일까요? 예컨대 개미들의 몸길이 데이터에서 이들의 평균을 빼준 분포의 평균을 구하는 것입니다. 개미 몸 길이 데이터는 아마도 정규분포를 따를 것입니다.

이렇게 전체 데이터에서 평균을 빼준다면 개미의 몸 길이에 대한 여러 개의 값 중 평균보다 작은 절반 정도는 음수가 될 것입니다. 예를 들어서 평균이 1.1cm라면 0.8cm라는 데이터는 −0.3cm가 되죠. 그렇다면 우리는 어렵지 않게 전체 평균은 0이 될 수밖에 없다는 것을 알게 됩니다.

평균을 뺀 데이터를 이번에는 집단의 표준편차로 나눠줍니다. 예를 들어서 표준편차가 0.5cm라면 1.0cm의 값은 2가 되는 것입니다. 참고로 1.0cm를 0.5cm로 나누었기 때문에 센티미터의 차원이 나눠떨어져서 이 2의 값은 2cm가 아닌 차원이 없는 그냥 2입니다.

아까 우리는 분포에 어떤 값(예컨대 a)을 곱하면 그 분산은 원래 분산의 a^2배가 된다는 것을 이야기했습니다. 표준편차는 분산에 루트를 씌운 값이니, 표준편차는 원래 표준편차의 절댓값 a배가 됩니다.(0이 아닌 어떤 실수를 제곱한 다음에 루트를 씌우면 양수가 됩니다.) 그렇다면 분포의 표준편차로 데이터를 나눠주면 그 분포의 표준편차는 무조건 1이 되겠군요.

우리는 두 가지 가공 과정을 거쳤습니다. 데이터에서 평균을 빼줘서 평균을 0으로 만들었고, 이 값에 다시 표준편차를 나눠줘서 표준편차를 1로 만들었습니다. 이제 이 분포의 평균은 0, 표준편차는

1입니다. 이러한 정규분포를 우리는 표준정규분포라고 부릅니다. 어떠한 정규분포든지 평균을 빼주고 표준편차로 나눠줘서 표준정규분포로 만들 수가 있고, 그 과정을 표준화라고 부릅니다. 이 책에 있는 모든 수학 지식이 그렇듯 표준화를 하는 이유는 물론 개미를 분석하기 위해서입니다.

11

같다고 했을 때
문제가 생기면
다른 겁니다

Mathematics *of* Ants

From trails to pheromones and social structures

세상은 불확실한 것들로 가득합니다. 과학의 영역도 마찬가지입니다. 측정값은 늘 널뛰기를 반복하고, 같은 조건에서 엄밀하게 측정해도 오차라는 것이 늘 존재합니다. 이런 불확실함 사이에서 우리는 통계라는 기법을 개발해서 진실을 엿보기 위해서 노력해 왔습니다.

우리가 개미로부터 얻은 데이터도 마찬가지입니다. 시뮬레이션을 돌리기는 했는데, 그 값은 늘 일정하지 않습니다. 꼬불꼬불한 경로가 가까운 먹이를 찾는 경우는 우리의 관찰에서 총 62번이었는데, 아마도 새로 측정을 하면 70번이 되기도, 40번이 되기도 할 것입니다. 매우 적은 확률이지만 0번이 될 수도 있고, 100번이 될 수도 있습니다. 누군가는 로또에 당첨되는 것처럼 말입니다.

이런 널뛰기를 하는 값들 사이에서 우리는 무언가가 같거나 다르다고 말을 해야 합니다. 이럴 때 우리가 사용하는 것이 바로 가설 검정법입니다.

가설 검정

A와 B가 있습니다. 이들은 다를 수도 있고 같을 수도 있습니다. A와 B가 실제로는 서로 같은데, 우리가 다르다고 판단을 할 수도 있습니다. 반대로 A와 B가 실제로는 서로 다른데, 우리가 같다고 판단을 할 수도 있습니다. 두 경우 모두 오류이지요.

많은 과학자들이 그러하듯 우리는 여기서 한 가지 확률값을 측정할 겁니다. 그것은 A와 B가 실제로는 같은 상태에서 우리가 관찰한 결과가 나올 확률입니다. 만일 이 값이 매우 낮다면, A와 B가 실제로 다르다고 유추할 수 있지 않을까요?

우리의 데이터로 다시 돌아오겠습니다. 우선 4가지 비교를 할 겁니다. 먼저 꼬불꼬불한 경로에서 가까운 곳과 먼 곳에 있는 먹이 발견 확률에 차이가 있는지, 직선에 가까운 경로에서 가까운 곳과 먼 곳에 있는 먹이 발견 확률에 차이가 있는지를 보고 싶습니다. 또한, 가까운 곳에 있는 먹이를 발견할 확률이 꼬불꼬불한 경로인 경우와 직선에 가까운 경우 사이에서 차이가 있는지 보고자 합니다. 먼 곳에 있는 먹이를 발견할 확률이 꼬불꼬불한 경로인 경우와 직선

[표 11-1]

	가까운 먹이	먼 먹이
꼬불꼬불한 경로	62	18
직선에 가까운 경로	45	31

에 가까운 경우 사이에서 차이가 있는지도 보고 싶군요. 우리의 데이터를 한번 다시 살펴보죠.([표 11-1])

먼저 꼬불꼬불한 경로에서 가까운 먹이를 발견할 확률과 먼 먹이를 발견할 확률이 다른지에 대해 알아보겠습니다. 꼬불꼬불한 경로에서 가까운 먹이를 발견할 진짜배기 확률을 p_1이라고 하고, 먼 먹이를 발견할 진짜배기 확률을 p_2라고 합시다. 우리는 p_1과 p_2의 값을 모릅니다. 그 정확한 값은 아마 영원히 모를 것입니다. 다만 그 값이 각각 0.62와 0.18에 비슷할 거라는 추측은 할 수 있습니다.

꼬불꼬불한 경로에서 가까운 먹이를 발견할 비율의 분산은 $p_1(1-p_1)/n$입니다. 방금 말한 것처럼 우리는 p_1의 값을 모르지만 우리가 추정한 p_1의 값인 0.62를 p_1이라고 사용해도 크게 차이는 없을 겁니다. 특히 측정횟수 n이 크다면 조금 더 믿을 만하죠. 따라서 이 비율의 분산이 0.62(1−0.62)/100이라고 가정하고 사용하겠습니다. 같은 원리에 의해 꼬불꼬불한 경로에서 먼 먹이를 발견할 비율의 분산은 0.18(1−0.18)/100이라고 추정하겠습니다.

이제 대망의 가정을 하겠습니다. 우리는 p_1과 p_2가 같다고 가정할 것입니다. 이게 같은지 다른지 지금 확인할 겁니다. 꼬불꼬불한 경로에서 가까운 먹이를 발견할 비율의 관찰값을 $\overline{X}$라고 하고, 먼 먹이를 발견할 비율의 관찰값을 $\overline{Y}$라고 합시다. 두 개를 뺀 확률 분포는 어떨까요?(참고로 정규분포를 따르는 두 확률 변수의 차이도 정규분포를 따릅니다.) 우리는 각 분포의 기댓값 p_1, p_2가 같다고 가정했으니 두 개를 뺀 확률 분포의 기댓값은 p_1에서 p_2를 뺀 0일 것입니다. 두 분포를 뺀 경우, 총 분산은 두 분산의 합과 같습니다. $V(aX_i+bX_j)=a^2V(X_i)+b^2V(X_j)$이기 때문입니다. a에 1을, b에 -1을 대입하면 우리가 원하는 결과가 나오죠. 따라서 $\overline{X}-\overline{Y}$라는 분포의 기댓값은 0이고 분산은 $0.62(1-0.62)/100+0.18(1-0.18)/100$입니다. 우리는 앞 장에서 표준화에 대해 알아보았습니다. $\overline{X}-\overline{Y}$에서 0을 빼주고 $\sqrt{\dfrac{0.62(1-0.62)}{100}+\dfrac{0.18(1-0.18)}{100}}$로 나누면 평균이 0이고, 표준편차가 1인 정규분포를 따를 것입니다. 이것을 조금 일반적으로 말하면 다음과 같습니다.

$$\frac{(\overline{X}-\overline{Y})-(p_1-p_2)}{\sqrt{\dfrac{\overline{X}(1-\overline{X})}{n_1}+\dfrac{\overline{Y}(1-\overline{Y})}{n_2}}} \doteqdot N(0,\ 1)$$

여기서 n_1은 $\overline{X}$를 구하기 위한 측정횟수, n_2는 $\overline{Y}$를 구하기 위한 측정횟수입니다. 우리의 예에서 이 값은 모두 100입니다. $\dot\sim$은 대략적으로 따른다는 뜻입니다. $N(0, 1)$은 평균이 0이고 표준편차가 1인 정규분포를 뜻합니다. 평균이 0이고 표준편차가 1인 확률분포에서 관찰을 한 번 했을 때 0보다 아주 크거나, 아주 작은 수가 나올 확률은 매우 낮습니다. 예를 들어, 한 번 관찰을 할 때, –2보다 크고 2보다 작은 수가 나올 확률은 약 95%입니다. 반대로 2보다 크거나, –2보다 작은 수가 나올 확률은 5% 정도이지요. 이 분포를 매번 적는 것은 힘드니까 간단히 줄여서 좌변의 값을 Z라고 씁시다. 이 Z값이 0에서 멀리 떨어져 있을수록 이런 값이 나올 확률이 낮다고 할 수 있습니다.

$\overline{X}$=0.62, $\overline{Y}$=0.18인 경우에 대해 Z값을 구해보겠습니다. 계산기를 두드려서 이 값을 구해보면 대략 7 정도 나오네요. 평균이 0이고 표준편차가 1인 정규분포에서 어떤 수를 뽑았을 때, 그 값이 7보다 크거나, –7보다 작을 확률은 얼마일까요? 계산기를 두드려 보니 0.0000000000025597이라고 나오네요. 이 값이 얼마냐면요, 0에 매우 매우 가깝다는 뜻입니다. 그러니까 만일 p_1과 p_2가 같다고 가정했을 때 우리가 관찰한 결과가 나올 확률은 0이나 마찬가지라는 뜻입니다. 그 말인즉슨, 우리의 가정이 틀렸을 확률이 매우 크다는 뜻이죠. 우리의 가정이 틀렸다면, 즉 p_1과 p_2가 같다는 가정이 틀렸

다면 이 둘은 다른 값일 가능성이 매우 크겠군요.

즉 우리는 p_1과 p_2가 같다고 가정한 뒤, 그 가정하에서 관찰 결과가 나올 확률이 매우 낮다는 것을 보여 p_1과 p_2가 다르다는 것을 보였습니다. 이를 가설검정법이라고 합니다. 귀무가설이라는, 나중에 반박할 가설을 세운 뒤, 이 귀무가설의 가능성이 낮다는 것을 보입니다. 그렇다면 귀무가설은 거짓이고, 그 반대인 대립가설이 참이라는 결론을 내릴 수 있습니다.

물론 여기에도 함정은 있습니다. 실제로 p_1과 p_2가 같은데 낮은 확률로 우리가 관측한 차이가 발생할 수도 있습니다. 보통 귀무가설을 가정했을 때, 관찰한 결과가 나올 확률이 0.05 이하가 되면 우리는 귀무가설이 틀렸다고 생각합니다. 이 확률을 p-값(p-value)이라고 하지요. 논문을 내려는 대학원생들은 보통 실험 A군과 실험 B군 사이에 '유의미한' 차이가 있다고 할 때 $p < 0.05$라는 근거를 사용합니다. 다음과 같이 쓰는 식이죠.

"Benzoldamine과 Propripomine을 투약했을 때 쥐들의 바이러스 감염률에는 유의미한 차이가 있었다.($p < 0.001$)"

이제 우리의 결과를 살펴보겠습니다. 우리가 확인하고자 하는 가설은 다음의 4가지입니다. 각 가설에 대해 p-값이 매우 낮다면 그

가설을 기각하고, 대립가설이 참이라고 생각할 수 있을 것입니다.

H_1: 꾸불꾸불한 경로로 움직일 때, 가까운 먹이와 먼 먹이를 찾
  는 확률에 차이가 없다.

H_2: 직선에 가까운 경로로 움직일 때, 가까운 먹이와 먼 먹이를
  찾는 확률에는 차이가 없다.

H_3: 가까운 먹이를 찾을 때, 꾸불꾸불한 경로와 직선 경로로 찾
  는 확률에는 차이가 없다.

H_4: 먼 먹이를 찾을 때, 꾸불꾸불한 경로와 직선 경로로 찾는 확
  률에는 차이가 없다.

조금 전에 우리는 H_1의 가설이 참이라고 했을 때, 관측 결과가
나올 확률이 0에 가깝다는 것을 보았습니다. 같은 방법으로 H_2가 참
이라면 p-값은 0.0392979입니다. 또 H_3가 참일 때 p-값은 0.01445
이고, H_4가 참일 때 p-값은 0.0306입니다.

다들 p-값이 0.05보다 작으니까 모든 가설을 다 기각할 수 있겠
군요. 하하, 그렇지만 안심하기는 이르답니다. p값이 0.05보다 작다

고 무조건 가설을 기각할 수 있는 것은 아니거든요. 왜 그럴까요?

A, B, C, D, E, F, G, H 총 여덟 가지의 샘플이 있다고 해봅시다. 리그전처럼 각각의 샘플을 쌍으로 비교하는 방법은 모두 28가지입니다. A와 B를 비교하고, A와 C를 비교하고, A와 D를 비교하는 식이죠. 실제로는 여덟 개 샘플의 모평균 값이 모두 같을 수 있습니다. 그렇지만 측정 수가 많아지다 보면 어떤 녀석들은 순전히 우연에 의해서 서로 차이가 난다는 결과가 나올 수 있습니다. 측정 오차나 우연적인 요소에 의해서 말이죠. p-값의 한계를 0.05로 잡으면 이 값은 20분의 1과 같으니까 스무 번의 측정을 하면 한 번 정도는 우연에 의해 p-값이 0.05보다 낮은 경우가 발생할 수 있습니다. 이것을 다중 비교의 오류라고 부릅니다. 따라서 같은 집단 내에서 여러 개의 샘플을 서로서로 비교할 때에는 더 낮은 p-값의 경계를 사용해야 합니다. 0.05보다는 더 낮아야겠죠.

그렇다면 얼마나 더 낮은 p-값이 나와야 다르다고 말할 수 있는 걸까요? 여기에는 여러 이론이 있는데요, 그중에서 우리가 사용할 방법은 본페로니 교정법(Bonferroni correction)입니다. 그 방법은 상당히 간단해서 p-값의 경계를 0.05에서 가설의 개수로 나눠준 값으로 설정하는 것입니다. 우리는 같은 데이터 내에서 4개의 가설을 테스트했습니다. 따라서 우리는 0.05를 4로 나눈 0.0125를 p-값의 경계로 삼아야 안전하겠군요. 그렇다면 H_2, H_3, H_4가 모두 기각이 되지 않습니다!

우리는 여기서 무엇을 추론할 수 있을까요? H_2, H_3, H_4가 옳다고 봐야 할까요? 꼭 그렇지만은 않습니다. 통계적으로 무언가가 같다고 보이는 것은 매우 어려운 일입니다. 현시점에서 우리는 H_2, H_3, H_4에 대해 아무 말도 할 수 없습니다. 옳다고 할 수도 없고, 그르다고 할 수도 없지요. 그저 유의미한 차이를 발견하지 못했다고 할 수밖에 없습니다. 우리가 할 수 있는 일은 관측을 더 해서 정말로 차이가 유의미한지를 발견하는 것뿐입니다. 그전까지는 옳고 그름의 여부를 강하게 주장할 수는 없죠. 비트겐슈타인의 말을 빌리자면, 우리는 말할 수 없는 것에 대하여 침묵해야 합니다.

우리는 먼 길을 왔습니다. 코딩에서부터 시작해서 그 결과를 해석하는 통계 기법까지 알아봤군요. 과학계에서 자주 사용하는 가설 검정법도 알아보았습니다. 방법론에 너무 매몰되어서 우리의 원래 궁금증을 잊지는 말기 바랍니다. 무작위적 걷기와 직선 걷기 중에서 어느 방법이 가깝고 먼 먹이를 잘 찾는지가 궁금해서 코딩과 통계를 시작하게 되었습니다. 우리는 낮은 p-값에만 연연하는 논문 기계가 아니라 사실을 발견해 나가는 연구자가 되어야 합니다.

그나저나 꾸불꾸불한 경로, 직선 경로일 때 가까운 먹이, 먼 먹이를 찾을 확률의 참값은 얼마일까요? 제가 컴퓨터로 10,000번씩 시뮬레이션을 돌려보니 [표 11-2]와 같은 결과가 나왔습니다.

[표 11-2]

	가까운 먹이	먼 먹이
꼬불꼬불한 경로	0.6222	0.1166
직선에 가까운 경로	0.5055	0.3392

실제 참값도 이와 크게 다르지 않을 것입니다. 측정횟수가 많아질수록 그 평균이 모평균과 비슷해지거든요. 우리는 이것을 큰 수의 법칙이라고 부릅니다. 물론 진짜 값이 정확히 얼마인지는 영원히 모를 겁니다. 궁금해하지 않아도 됩니다. 우리에게는 더 의미 있게 탐구할 대상이 얼마든지 많으니까요.

맺음말

수학은 형이상학적입니다. 그 말인즉슨 자연 세계가 어떻게 되어 있든 수의 세계는 추상적으로 존재한다는 뜻입니다. 우리의 논리로 만들어진 세계이기 때문이죠. 그렇지만 자연과 수학 사이에는 불가분의 연결점이 많습니다. 대표적으로, 수식을 통해 많은 자연현상을 분석하고 예측할 수 있습니다. 자연이 수학으로 기술되어 있다는 강력한 방증(傍證, corroboration)입니다.

저는 이 책을 통해 수학이 어떻게 자연, 그중에서도 개미의 행동과 사회구조를 설명하고 분석하는지 소개했습니다. 제가 했던 연구 경험도 곁들여서 말이죠. 개미라는 수학과는 전혀 관계가 없을 것 같은 생물체가 수학을 통해 분석되는 것은 적어도 저에게는 재미있는 경험이었습니다.

이 책을 통해서 여러분들이 수학의 유용함을 접하고 느끼면 좋겠다는 생각을 했습니다. 굳이 개미나 과학뿐만이 아니라 수학적 마인드는 우리를 유리하게 해줍니다. 또 편리하게 해주죠. 현상을 명확하게 이해할 수도 있게 합니다. 그런 재미가 개미를 통해 잘 드

러났으면 좋겠네요. 이제 개미를 보면 예전보다 많은 생각이 떠오르기를 바라며 글을 마칩니다.

최종 코드

```
figure
ylim([-10  10])
xlim([-10  10])

d0=rand*2*pi;
N=1000
v=0.2
p0=[0,0]
dir = zeros(N,1);
p(1,1)=v*cos(d0);
p(1,2)=v*sin(d0);
dir(1)=d0;

r=1;
xL=-8;  yL=8;
th = 0:pi/50:2*pi;
xunit = r * cos(th) + xL;
yunit = r * sin(th) + yL;
h = plot(xunit, yunit,'r');
hold on

xL=1.5;  yL=-1.5;
xunit = r * cos(th) + xL;
yunit = r * sin(th) + yL;
h = plot(xunit, yunit,'r');
text(-1,0,'NEST')
```

```
for  k=2:1000
    vari=0.5;
    dir(k)  =  dir(k-1)  +  2*(rand-0.5)*vari;
    p(k,1)  =  p(k-1,1)  +  v*cos(dir(k));
    p(k,2)  =  p(k-1,2)  +  v*sin(dir(k));

    if  p(k,1)>10
        p(k,1)=10-v/2;
    end
    if  p(k,1)<-10
        p(k,1)=-10+v/2;
    end

    if  p(k,2)>10
        p(k,2)=10-v/2;
    end
    if  p(k,2)<-10
        p(k,2)=-10+v/2;
    end

    X=p(k-1:k,1);
    Y=p(k-1:k,  2);
    plot(X,Y,'-b')
    xlim([-10  10])
    ylim([-10  10])

    a=plot(p(k,1),  p(k,2),'ok');

    pause(0.01);
    delete(a)

end
```

참고문헌

1. 개미와 빛의 공통점

Goss, S., Aron, S., Deneubourg, J. L., & Pasteels, J. M. (1989). Self-organized shortcuts in the Argentine ant. *Naturwissenschaften*, 76(12), 579-581.

Oettler, J., Schmid, V. S., Zankl, N., Rey, O., Dress, A., & Heinze, J. (2013). Fermat's principle of least time predicts refraction of ant trails at substrate borders. *PloS one*, 8(3), e59739.

2. 렌즈를 지나는 개미와 빛

Choi, J., Lim, H., Song, W., Cho, H., Kim, H. Y., & Jablonski, P. G. (2020). Trails of ants converge or diverge through lens-shaped impediments, resembling principles of optics. *Scientific Reports*, 10(1), 1-10.

3. 개미만 보이게 해주세요, 제발

Zollikofer, C. (1994). Stepping patterns in ants-influence of speed and curvature. *Journal of experimental biology*, 192(1), 95-106.

4. 영국 해안선과 개미 경로의 길이

Mandelbrot, B. B. (1983). The fractal geometry of nature/Revised and enlarged edition. *whf*.

5. 개미의 내비게이션, 꿀벌의 내비게이션

Collett, M., & Collett, T. S. (2000). How do insects use path integration for their navigation?. *Biological cybernetics*, 83(3), 245-259.

Riley, J. R., Greggers, U., Smith, A. D., Reynolds, D. R., & Menzel, R. (2005). The flight paths of honeybees recruited by the waggle dance. *Nature*, 435(7039), 205-207.

Srinivasan, M., Zhang, S., Lehrer, M., & Collett, T. S. (1996). Honeybee navigation en route to the goal: visual flight control and odometry. *Journal of Experimental Biology*, 199(1), 237-244.

Wehner, R. (2003). Desert ant navigation: how miniature brains solve complex tasks. *Journal of Comparative Physiology A*, 189(8), 579-588.

Wehner, R., Boyer, M., Loertscher, F., Sommer, S., & Menzi, U. (2006). Ant navigation: one-way routes rather than maps. *Current Biology*, 16(1), 75-79.

6. 페로몬으로 소통하기

Beekman, M., Sumpter, D. J., & Ratnieks, F. L. (2001). Phase transition between disordered and ordered foraging in Pharaoh's ants. *Proceedings of the National Academy of Sciences*, 98(17), 9703-9706.

Dorigo, M., & Gambardella, L. M. (1997). Ant colonies for the travelling salesman problem. *biosystems*, 43(2), 73-81.

Dussutour, A., Fourcassié, V., Helbing, D., & Deneubourg, J. L. (2004). Optimal traffic organization in ants under crowded conditions. *Nature*, 428(6978), 70-73.

Dussutour, A., Nicolis, S. C., Shephard, G., Beekman, M., & Sumpter, D. J. (2009). The role of multiple pheromones in food recruitment by ants. *Journal of Experimental Biology*, 212(15), 2337-2348.

Goss, S., Aron, S., Deneubourg, J. L., & Pasteels, J. M. (1989). Self-organized shortcuts in the Argentine ant. *Naturwissenschaften*, 76(12), 579-581.

Jackson, D. E., & Ratnieks, F. L. (2006). Communication in ants. *Current biology*, 16(15), R570-R574.

Jeanson, R., Ratnieks, F. L., & Deneubourg, J. L. (2003). Pheromone trail decay rates on different substrates in the Pharaoh's ant, Monomorium pharaonis. *Physiological Entomology*, 28(3), 192-198.

7. 친족 관계를 숫자로 나타내 봅시다

Hamilton, W. D. (1964). The genetical evolution of social behaviour. I. *Journal of theoretical biology*, 7(1), 1-16.

8. 네 자매를 도우라! 그것이 너를 돕는 길이다

Hauschteck-Jungen, E., & Jungen, H. (1983). Ant chromosomes. *Insectes Sociaux*, 30(2), 149-164.

Jeon, J., & Choe, J. C. (2003). Reproductive skew and the origin of sterile castes. *The American Naturalist*, 161(2), 206-224.

Keller, L. (Ed.). (1993). *Queen number and sociality in insects*. Oxford: Oxford University Press.

Moro, D., Lenda, M., Skorka, P., & Woyciechowski, M. (2012). Short-lived ants take greater risks during food collection. *The American Naturalist*, 180(6), 744-750.

Porter, S. D., & Jorgensen, C. D. (1981). Foragers of the harvester ant, Pogonomyrmex owyheei: a disposable caste?. *Behavioral Ecology and Sociobiology*, 247-256.

Schmid-Hempel, P., & Schmid-Hempel, R. (1984). Life duration and turnover of foragers in the antcataglyphis bicolor (hymenoptera, formicidae). *Insectes sociaux*, 31(4), 345-360.

9. 복잡한 문제는 컴퓨터한테 시킵시다

Reynolds, A. M., Schultheiss, P., & Cheng, K. (2014). Does the Australian desert ant Melophorus bagoti approximate a Lévy search by an intrinsic bi-modal walk?. *Journal of Theoretical Biology*, 340, 17-22.

개미의 수학

2020년 9월 11일 1판 1쇄 발행
2024년 11월 18일 1판 3쇄 발행

지은이	최지범
펴낸이	박래선
펴낸곳	에이도스출판사
출판신고	제2023-000068호
주소	서울시 은평구 수색로 200
팩스	0303-3444-4479
이메일	eidospub.co@gmail.com
페이스북	facebook.com/eidospublishing
인스타그램	instagram.com/eidos_book
블로그	https://eidospub.blog.me/
표지 디자인	공중정원
본문 디자인	개밥바라기
본문 일러스트	날램

ISBN   979-11-85415-39-0 03410

잘못 만들어진 책은 구입하신 서점에서 바꾸어 드립니다.

이 도서의 국립중앙도서관 출판예정도서목록(CIP)은
서지정보유통지원시스템 홈페이지(http://seoji.nl.go.kr)와
국가자료종합목록 구축시스템(http://kolis-net.nl.go.kr)에서 이용하실 수 있습니다.
(CIP제어번호: CIP2020033893)